面向新工科普通高等教育系列教材

模拟电子技术实验

主　编　龚　晶

副主编　卢　娟　许凤慧

参　编　刘　斌　倪　雪

机 械 工 业 出 版 社

本书共 5 章,第 1、2 章介绍了模拟电子技术实验的基础知识和基本测量技术;第 3 章介绍了常用电子元器件基础知识;第 4 章设计了 12 个模拟电路单元实验,除第 1 个单元实验外,每个单元实验均包含基础实验、仿真实验和设计实验;第 5 章安排了 4 个综合应用实验。

本书在内容编排上注重结合模拟电子技术的工程应用实际和技术发展方向,在帮助学生验证、消化和巩固基础理论的同时,努力培养学生的工程素养和创新能力。实验原理部分注重引导学生关注模拟电路的设计原理、特性参数和实际应用,培养学生的工程意识。实验内容采用先验证,后仿真,再设计的方式;由浅入深、循序渐进、前后呼应。在配合理论教学的同时注重引导学生运用所学知识解决工程实际问题,启迪学生的创新思维。

本书可作为高等教育本科通信、电子、信息类专业相关课程的教材,也可作为其他理工科相关专业的教师和学生的参考书。

图书在版编目(CIP)数据

模拟电子技术实验/龚晶主编 . —北京:机械工业出版社,2022.11
(2024.1 重印)
面向新工科普通高等教育系列教材
ISBN 978-7-111-72165-9

Ⅰ. ①模… Ⅱ. ①龚… Ⅲ. ①模拟电路-电子技术-实验-高等学校-教材 Ⅳ. ①TN710-33

中国版本图书馆 CIP 数据核字(2022)第 231418 号

机械工业出版社(北京市百万庄大街 22 号 邮政编码 100037)
策划编辑:秦 菲 责任编辑:秦 菲 李馨馨
责任校对:潘 蕊 王明欣 责任印制:郜 敏
中煤(北京)印务有限公司印刷
2024 年 1 月第 1 版第 3 次印刷
184mm×260mm·12.75 印张·312 千字
标准书号:ISBN 978-7-111-72165-9
定价:59.00 元

电话服务 网络服务
客服电话:010-88361066 机 工 官 网:www.cmpbook.com
　　　　　010-88379833 机 工 官 博:weibo.com/cmp1952
　　　　　010-68326294 金 书 网:www.golden-book.com
封底无防伪标均为盗版 机工教育服务网:www.cmpedu.com

前　言

　　模拟电子技术实验是通信、电子信息类以及相关专业的必修课程。本书是以"模拟电子技术"课程教学大纲为依据编写的集基础实验、仿真实验、设计实验、综合实验于一体的实践性教材，实验内容丰富，培养学生掌握基本的电子实践能力，突出基础训练和综合应用能力的培养，提高学生的实际动手能力，启迪学生的创新思维。

　　第1章介绍了模拟电子技术实验中的基础知识。包括该课程开设的目的与要求，学习方法和特点，模拟电子电路组装、调试与故障分析处理方法，常用实验仪表，电子电路仿真软件 Multisim 的介绍。通过本章的学习，学生可以掌握基本的电子测量仪器，初步使用 Multisim 电子设计仿真软件，了解模拟电子电路组装与调试的基本方法。

　　第2章介绍了电子电路中的基本测量技术，主要讲述了电压的测量、阻抗的测量、增益和幅频特性的测量，以及测量数据的处理方法。通过本章的学习，学生可以学会常用电路参数的测试方法，建立测量的概念，并学会正确地处理测试数据。

　　第3章介绍了模拟电子电路中常用电子元器件的基础知识，包括电阻、电容、电感、晶体二极管、晶体管、场效应晶体管、模拟集成电路等。对每一种元器件都进行了详细介绍，方便学生正确识别和测试元器件，学会选用合适的元器件来组装和测试电子电路。

　　第4章安排了12个单元电路实验，这些实验涵盖了"模拟电子技术"课程中的经典教学内容，可以作为理论教学的有力支撑。每个实验对基本原理都进行了简明扼要的介绍，并包括了基础实验、仿真实验和设计实验。基础实验主要由验证性实验组成，验证性实验的实验电路与设计实验中的设计示例电路相同，便于学生将设计实验与验证性实验融会贯通，目的是由电路测量拓展到电路设计，由证明性的实验拓展到专题性问题研究型实验，学生通过实验设计和硬件安装、调试，可以感受工程应用研究的特点，积累实践经验和提高实验能力，培养创新意识及能力。同时又安排了 Multisim 仿真实验，实现软硬结合，利用计算机辅助分析和设计工具来测量与分析电路，加深对电路原理、信号流通过程、元器件参数对电路性能影响的了解等，帮助学生较快地入门，更好地把握该课程的重点。此章内容较多，教师可根据实际教学需要自行选择。

　　第5章安排了4个综合性实验，在单元电路实验的基础上，完成一些有实际应用价值的系统性综合实验。通过这些实验的训练，学生可以深入理解模拟电子电路原理在工程实践中的应用，增强学生自主创新的意识，使他们开拓思路，勇于实践，提高认识问题和解决问题的能力，更好地理解和掌握电子电路的相关理论。

　　本书内容全面，集基础、仿真、设计、综合与创新于一体，同时软硬结合，注重能力培养，注重各个课程知识内容之间的相互衔接。编写方法多元化，除了具有传统教材所拥有的实验原理、实验电路、表格以外，还增加了预习要求、思考题等内容，注重电子技术知识的系统性、全面性和表现手法上的多元化、开放性。本书循序渐进，目标明确，将模拟电子电路实验知识、实验技能、系统设计技术、EDA 技术有机地结合在一起，既有利于学生自学，通过有限的学时在掌握常用功能电路的同时形成电子系统的概念，还有利于老师根据各自不同的教学要求安排教学内容，实现因材施教。

在本书的编写过程中，得到了教研室同仁们的大力支持和协助，在此表示感谢。由于编者水平有限，本书难免有错误和不妥之处，恳请读者批评指正。

编　者

目　　录

V

第1章　模拟电子电路实验基础知识

随着现代科学技术的飞速发展，实验已成为建立在科学理论基础之上的一门技术和内容十分庞大的知识体系。模拟电子电路实验是电类专业重要的专业基础课程之一，模拟电子电路实验对培养学生理论联系实际的能力、动手实践能力、创新性思维能力，以及激发和建立学生对电子技术的学习兴趣等方面发挥着至关重要的作用。

1.1　模拟电子电路实验的意义及学习方法

1.1.1　模拟电子电路实验的意义

众所周知，科学技术的发展离不开实验，实验是促进科学技术发展的重要手段。电子技术基础理论的建立，有许多是从实验中得到启发，并通过实验得到验证。通过实验可以揭示电子世界的奥秘，可以发现现有理论存在的问题（近似性和局限性等），从而促进电子技术基础理论的发展。

对于模拟电子电路这样一门具有工程特点和实践性很强的课程，加强实践锻炼，特别是技能培养，对于培养学生的素质和能力具有十分重要的作用。进入人工智能时代，社会对人才的要求越来越高，不仅要具有丰富的知识，还要具有更强的对知识的运用能力及创新能力。为适应新形势的要求，实验课内容已有新的改变，本课程体系中，将传统的实验教学内容划分为单元电路实验和综合应用实验，在单元电路实验中，又细分为基础实验、虚拟仿真实验和设计实验三个层次，方便学生学习。

单元电路实验教学，目的是使学生掌握模拟电子电路的基本模块，即单元电路的原理、结构与应用。教师可以根据需要从中选择适合学生的内容进行组织教学。学生可以通过基础实验掌握元器件的性能、模拟电子电路基本原理及基本实验方法，从而验证理论并发现理论知识在实际应用中的局限性，培养从枯燥的实验数据中总结规律、发现问题的能力。通过虚拟仿真实验熟悉模拟电子电路常用仿真设计应用软件，并掌握和应用模拟电子电路实验的新技术和新方法。通过设计实验教学，可提高学生对基础知识、基本技能的运用能力，掌握参数及模拟电子电路的内在规律，真正理解模拟电路参数"量"的差别和工作"状态"的差别。

综合应用实验教学，拓展了模拟电子电路教学内容，提高了学生对单元功能电路的理解，了解各功能电路间的相互影响，掌握各功能电路之间参数的衔接和匹配关系，提高学生综合运用知识的能力。

1.1.2 模拟电子电路实验的特点及学习方法

1. 模拟电子电路实验的特点

1）电子器件（如半导体晶体管、集成电路等）品种繁多，特性各异。在进行实验时，首先面临如何正确、理性地选择电子器件的问题。如果选择不当，则难以获得满意的实验结果，甚至造成电子器件的损坏。因此，必须了解所用电子器件的性能。

2）电子器件（特别是模拟电子器件）的特性参数离散性大，电子元件（如电阻、电容等）的元件值也有较大的偏差。因此，实际电路性能与设计要求有一定的差异，实验时就需要进行调试。调试电路所花的精力有时甚至会超过制作电路。对于已调试好的电路，若更换了某个元器件，也有重新调试的问题。因此，掌握调试方法，积累调试经验，是非常重要的。

3）模拟电子器件的特性大多数是非线性的。因此，在使用模拟电子器件时，就有如何合理选择与调整工作点以及如何使工作点稳定的问题。工作点是由偏置电路确定的，因此偏置电路的设计与调整在模拟电子电路中占有极重要的地位。另一方面，模拟电子器件的非线性特性使得模拟电子电路的设计难以精确，因此通过实验进行调试是必不可少的。

4）模拟电子电路的输入输出关系具有连续性、多样性与复杂性，这决定了模拟电子电路测试手段的多样性与复杂性。针对不同的问题采用不同的测试方法，是模拟电子电路实验的特点之一。

5）测试仪器的非理想特性（如信号源具有一定的内阻、示波器和毫伏表输入阻抗不够大等），会对被测电路的工作状态有影响。了解这些影响，选择合适的测试仪器和分析由此引起的误差，是模拟电子电路实验中一个不可忽视的环节。

6）模拟电子电路中的寄生参数（如分布电容、寄生电感等）和外界电磁干扰，在一定条件下可能对电路的特性产生重大影响，甚至产生自激而使电路不能正常工作。这种情况在工作频率高时更容易发生。因此，元件合理布局和合理连接、接地点的合理选择和地线的合理安排、必要的去耦和屏蔽措施等在模拟电子电路实验和应用中相当重要。

7）模拟电子电路各单元电路相互连接时，经常会遇到匹配的问题，尽管各单元电路都能正常工作，若不能做到合理匹配，则相互连接后的总体电路也可能无法正常工作。为了匹配，除了在设计时就要考虑选择合适的元件参数或采取某些特殊措施外，在实验时也要注意这些问题。

模拟电子电路实验的上述特点决定了其实验的复杂性，也决定了实验能力和实际经验的必要性。了解这些特点，有利于掌握模拟电子电路的实验技术，分析实验中出现的问题并提高实验能力。

2. 模拟电子电路实验的学习方法

为了学好模拟电子电路实验课，应注意以下几点。

（1）掌握实验课的学习规律

实验课是以实验为主的课程，每个实验都要经历预习、实验和总结三个阶段，每个阶段都有明确的任务与要求。

预习——任务是弄清实验的目的、内容、要求、方法及实验中应注意的问题，并拟定出实验步骤，画出记录表格。此外，还要对实验结果做出估计，以便在实验时可以及时检验实验结果的正确性。预习是否充分，将决定实验能否顺利完成和收获的大小。

实验——任务是按照预定的方案进行实验。实验的过程既是完成实验任务的过程，又是锻炼实验能力和培养实验作风的过程。在实验过程中，既要动手，又要动脑，要养成良好的实验作风，要做好原始数据的记录，要分析与解决实验中遇到的各种问题。

总结——任务是在实验完成后，整理实验数据，分析实验结果，总结实验收获和写出实验报告。这一阶段是培养总结归纳能力和撰写实验报告能力的主要手段。一次实验收获的多少，除取决于预习和实验外，总结也具有重要作用。

（2）应用已学理论知识指导实验

首先要从理论上来研究实验电路的工作原理与特性，然后再制订实验方案。在调试电路时，也要用理论来分析实验现象，从而确定调试措施。盲目调试是错误的，虽然有时也能获得正确结果，但对调试电路能力的提高不会有什么帮助。对实验结果的正确与否及与理论的差异也应从理论的高度来进行分析。

（3）注意实际知识与经验的积累

实际知识和经验需要靠长期积累才能丰富起来，在实验过程中，对所用的仪器与元器件，要记住它们的型号、规格和使用方法。对实验中出现的各种现象与故障，要记住它们的特征。对实验中的经验教训，要进行总结。为此，可准备一本"实验知识与经验记录本"，及时记录与总结。这不仅对当前有用，而且可供以后查阅。

（4）增强自觉提高实际工作能力的意识

要将实际工作能力的培养从被动变为主动。在学习过程中，有意识地、主动地培养自己的实际工作能力，不应过分依赖老师的指导，而应力求自己解决实验中的各种问题。要不怕困难和失败，从一定意义上来说，困难与失败正是提高自己实际工作能力的良机。

1.1.3　模拟电子电路实验的要求

为了使实验能够达到预期效果，确保实验顺利完成，以及培养学生良好的工作作风，充分发挥学生的主观积极作用，对学生提出如下基本要求。

1. 实验前

1）实验前要充分预习，包括认真阅读理论教材和实验教材，深入了解本次实验的目的，弄清实验电路的基本原理，掌握主要参数的测试方法。

2）阅读实验教材中仪器使用的章节，熟悉所用仪器的主要性能和使用方法。

3）估算测试数据、实验结果，并写出预习报告。

2. 实验中

1）按时进入实验室并在规定的时间内完成实验任务。遵守实验室的规章制度，实验后整理好实验工作台。

2）严格按照科学的操作方法进行实验，要求接线正确、布线整齐合理。

3）按照仪器仪表的操作规程正确使用仪器仪表，不得野蛮操作和使用。

4）实验中出现故障时，应利用所学知识冷静分析原因，并能在教师的指导下独立解决。对实验中的现象和实验结果要能进行正确的解释。

5）测试参数要做到心中有数，细心观测，做到原始记录完整、清楚，实验结果正确。

3. 实验后

撰写实验报告是整个实验教学中的重要环节，是对实验人员的一项基本训练，一份完美的实验报告是一次成功实验的最好答卷，因此实验报告的撰写要按照以下要求进行。

基础实验的实验报告要求如下。

1）实验报告用规定的实验报告纸书写，上交时应装订整齐。

2）实验报告中所有的图，都用同一颜色的笔绘制。

3）实验报告要书写工整，布局合理、美观，不应有涂改。

4）实验报告内容要齐全，应包括实验目的、实验原理、实验电路、元器件型号规格、测试数据、实验结果、结论分析及回答思考题等。

设计实验的实验报告要求如下。

1）标题：包括实验名称、实验日期等。

2）已知条件：包括主要技术指标、实验用仪器仪表（名称、型号、数量）。

3）电路原理：如果所设计的电路由几个单元电路组成，则阐述电路原理时，最好先用总体框图说明，然后结合框图逐一介绍各单元电路的工作原理。

4）单元电路的设计与调试步骤：

① 选择电路形式。

② 电路设计（对所选电路中的各元件值进行定量计算或工程估算）。

③ 电路装配与调试。

5）整机联合调试与测试。各单元电路调试正确后，按以下步骤进行整机联调：

① 测量主要技术指标。实验报告中要说明各项技术指标的测量方法，画出测试原理图，记录并整理实验数据，正确选取有效数字的位数。根据实验数据，进行必要的计算，列出表格。在方格纸上绘制出波形或曲线。

② 故障分析和说明。说明在单元电路和整机调试中出现的主要故障及解决办法，若有波形失真，要分析失真的原因。

③ 绘制出完整的电路原理图，并标明调试后的各元件参数。

6）测量结果的误差分析。用理论计算值代替真值，求得测量结果的相对误差，并分析误差产生的原因。

7）思考题解答与其他实验研究。

8）电路改进意见及本次实验中的收获与体会。

实验电路的设计方案，元器件参数及测试方法等都不可能尽善尽美，实验结束后，感到某些方面如果做适当修改可进一步改善电路性能或降低成本，或实验方案的修正，内容的增删，步骤的改进等，都可写出改进建议。

同学们每完成一项实验都会有不少收获与体会，既有成功的经验，也有失败的教训，应及时总结，不断提高。每份实验报告除了上述内容外，还应做到文理通顺，字迹端正，图形美观，页面整洁。

1.2 模拟电子电路组装、调试与故障分析处理

模拟电子电路实验，需经过电路设计（或给定电路）、组装、调试、排除故障，达到指标要求，才能完成实验。

1.2.1　电子电路组装

从实践中得知，一个理论设计十分合理的电子电路，由于电路组装不当，将会严重影响电路的性能，甚至使电路无法正常工作。因此，在进行电子电路的组装时，要考虑电子电路的结构布局、元器件的位置、线路的走向及连接点的可靠性等因素。

1. 整体结构布局和元器件的安置

在电子电路的整体布局和元器件的安置问题上，首先要考虑电气性能的合理性，其次要尽可能注意整齐美观。

1）整体结构布局要合理，要根据电路板的面积，合理布置元器件，应疏密均匀，且元器件之间不能交叉重叠。

2）元器件的安置要便于调试、测量和更换。电路原理图中相邻的元器件，在安装时原则上应就近安置。不同级的元器件不要混在一起，输入级和输出级应尽量远离，以免引起级与级之间的寄生耦合，使干扰和噪声增大。

3）元器件的标志（如型号和参数）安装时一律向外，并尽量方向相同，以便检查。元器件在电路板上的安装方向原则上应横平竖直，所有集成电路插入方向应保持一致。

4）对于有磁场产生相互影响和干扰的元器件，应尽可能分开或采取自身屏蔽。

5）发热元器件（如三端集成稳压片）的安置应尽可能靠电路板边缘，有利于散热，必要时需加装散热片。为保护电路稳定工作，晶体管、热敏元件等对温度敏感的元器件应尽量远离发热元器件。

2. 布线设计

电子电路布线是否合理，不仅影响其外观，而且也会影响电子电路的性能。电路中（特别是较高频率的电路）常见的自激振荡，往往就是由于布线不合理所致。因此，为了保证电路工作的稳定性和可靠性，电路组装时的布线应注意以下几点。

1）所有布线应直线排列，并做到横平竖直，以减小分布参数对电路的影响。走线要尽可能短，信号线不可迂回，尽量不要形成闭合回路。信号线之间、信号线与电源线之间不要平行，以防由于寄生耦合引起电路自激振荡。

2）布线一般先布置电源线和地线，再布置信号线。布线时要根据电路原理图或装配图，从输入级到输出级逐级布线，这样不容易遗失或错误布线。

3）地线（公共线）是所有信号共同使用的通路，一般地线较长，为了减小信号通过公共阻抗的耦合，地线一般应选用较粗的导线。

3. 组装连接

在模拟电子电路实验中，组装电路通常采用电路板焊接和实验箱的面包板上插接两种方式。焊接组装电路性能更可靠，更符合真实情况，但耗时长，器件可重复利用率低。在面包板上插接组装，元件便于连接且电路便于调试，耗时少，且器件可重复利用率高。下面分别讨论两种情况应注意的问题。

（1）焊接组装

在电路板上焊接电子元器件，是组装电路的常用方法，装接质量主要取决于焊接者的焊接工艺，也取决于焊接工具和焊料。

焊接工艺将直接影响焊接质量，从而影响电子电路的整体性能。对初学者来说，首先要求焊接牢固，不能有虚焊，因为虚焊将会给电路造成严重的隐患，给调试和检修工作带来很大的麻烦。其次，一个高质量的焊点应具有光亮、圆滑、大小适中的特点。因此焊接前要注意净化焊件表面，先镀上一层焊锡，再进行焊接；焊接时要掌握正确的焊接方法，根据不同的焊接对象，控制焊接时间和温度，掌握焊锡用量，防止虚焊；焊接完毕后应仔细检查焊点，以确保焊接质量。

（2）插接组装

面包板组装电路要注意使用场合，它不太适用于频率很高的电路，因为面包板的引线电感和分布电容都比较大，对高频电路性能影响很大。面包板一般适用于集成电路，特别适用于数字集成电路，因为数字集成电路通常工作频率不高而且功率较小，所用阻容元件也较少。

1）集成电路的装插。对于多次使用的集成电路的引脚，必须修理整齐，引脚不能弯曲，确保引脚与面包板插孔接触良好。为了能够正确布线并便于查找，所有集成电路的插入方向要保持一致。

2）导线的选用和连接。导线的直径应和面包板的插孔直径相一致，过粗会损坏插孔，过细则会与插孔接触不良。为了便于检查电路，连线应该使用不同颜色。一般习惯于正电源用红线，负电源用蓝线，地线用黑线，信号线用黄线，也可根据条件选用其他颜色的导线。

连接用的导线应紧贴于面包板上，不应悬空，更不要跨接在元器件上，一般从集成电路周围通过时，尽量做到横平竖直，走线之间应避免相互重叠，这样便于查线和更换器件。

还应注意，面包板多次使用后，面包板中的弹簧片会变松、弹性变差，容易造成接触不良，而接触不良极容易造成电路故障。

1.2.2 电子电路调试

电路组装完成后，即使严格按照设计的电路参数进行安装，往往也难以达到预期的效果。这是由于人们在设计时，不可能周密地考虑各种复杂的客观因素（如元件值的误差、器件参数的离散性、分布参数的影响等），必须通过安装后的测试与调整，来发现和纠正设计方案的不足，然后采取措施加以改进，使电子电路达到预定的技术指标。

电子电路调试中的常用仪器有万用表、稳压电源、示波器和信号产生器。

1. 调试前的直观检查

在连接完实验电路后，不要急于加电，要认真检查电路，以便发现并纠正电路在安装过程中的疏漏和错误，避免在电路通电后发生不必要的故障，甚至损坏元件。检查的内容包括以下三方面。

（1）元器件安装情况

检查元器件引脚之间有无短路，连接处是否接触不良，二极管、晶体管、集成电路和电解电容极性是否连接有误。

（2）连线是否正确

检查电路连线是否正确，这其中包括有没有接错的导线，有没有多连或少连的导线。查线过程中还要注意各连线的接触点是否良好，在有焊接的地方应检查焊点是否牢固。

（3）电源供电（包括极性）是否正确

先检查电源线的正、负极性是否接对。再用万用表的欧姆档检查电源正、负极之间有无短路及开路现象，以及电源端对地（⊥）是否存在短路。

电路经过上述检查，并确认无误后，就可转入调试。

2．调试方法

调试包括测试和调整两个方面。所谓电子电路的调试，是以达到电路设计指标为目的而进行的一系列的"测量→判断→调整→再测量"的反复过程。

调试通常采用先分调再联调的方法。由于电子电路一般都由一些基本单元电路组成，因此，把一个复杂的电路按原理图上的功能分成若干个单元电路分别进行调试，使其参数基本满足设计指标，并在此基础上逐步扩大调试范围，最后完成整个电路的调试。

调试顺序是按信号的流向进行的，这样可以把前级调试过的输出信号，作为后一级的输入信号，为最后的联调创造条件。

3．调试步骤

（1）通电观察

电源接通之后不要急于测量数据和观察结果，首先要观察有无异常现象，包括有无冒烟，是否闻到异常气味，手摸元件是否发烫，电源是否有短路现象等。如果出现异常，应立即关断电源，待排除故障后方可重新通电。

（2）静态调试

是指在电路接通电源而没有接入外加信号的情况下，对电路直流工作状态进行的测量和调整。例如，模拟电子电路实验中，测试交流放大器的直流工作点；数字电路实验中，各输入端加入固定的高、低电平值，测试输出端的高、低电平及逻辑关系。

（3）动态调试

动态调试是在静态调试的基础上进行的。调试的方法是在电路的输入端接入一定频率和幅度的信号，并循着信号的流向逐级检测各有关点的波形、参数和性能指标，检查其是否满足设计要求。如果出现异常，还要查出故障的原因，排除故障后继续调试。

4．调试中的注意事项

（1）测量仪器的正确使用

调试前要熟悉有关测试仪表的使用方法和注意事项，检查仪表的性能是否良好。有的仪表在使用前需进行必要的校正，避免在测量过程中由于仪器使用不当，或仪器的性能达不到要求而造成测量结果的误差，甚至得出错误的结果。

（2）正确使用仪器的接地端

直流稳压电源的"地"一般应与实验电路的"地"端连接起来。稳压电源的"地"与机壳连接起来，就形成了一个完整的屏蔽系统，减少了外界信号的干扰，这就是常说的"共地"。信号发生器的"地"应该与电路的"地"连接在一起，否则会导致输出的信号不正确；示波器的"地"应该和实验电路的"地"连在一起，否则测量的信号是处于"虚地"状态，不稳定，得不到正确的测量结果。

（3）保持良好的心理状态

在电路调试过程中，要保持良好的心理状态。切不可一遇到故障解决不了，就拆掉线路重新安装，因为重新安装的线路仍可能存在各种问题，如果是原理上的问题，即使重新安装

7

也解决不了，浪费时间，还学不到真正的实验技能。正确的方法是，认真检查电路，分析原因，确定是电路原理上的问题还是安装中的问题，把查找故障并分析、排除故障看成一次难得的学习机会，通过它来不断提高自己分析问题和解决问题的能力。

1.2.3　电路故障分析

电子电路调试过程中常常会遇到各种各样的故障，分析、处理故障可以提高分析问题和解决问题的能力。分析和处理故障的过程，就是从故障现象出发，通过反复测试，做出分析判断，逐步找出问题的过程。首先要通过对原理图的分析，把系统分成不同功能的电路模块，通过逐一测量找出故障模块，然后对故障模块内部加以测量并找出故障，即从一个系统或模块的预期功能出发，通过实际测量，确定其功能是否正常来判断它是否存在故障，然后逐层深入，进而找出故障的原因并加以排除。

1. 故障产生的原因

故障产生的原因很多，情况也很复杂，有的是一种原因引起的简单故障，有的是多种原因相互作用引起的复杂故障。因此，引起故障的原因很难简单分类，本书只能进行一些粗略的分析。

1）实际电路与设计的原理图不符。

2）元器件使用不当或损坏。

3）实验电路板或面包板损坏。

4）误操作等。

5）各种干扰引起的故障。

2. 电子元器件的损坏特点

损坏的元器件常常会造成电路故障，而元器件的损坏，在许多情况下，必须借助仪器才能检测判断，比较麻烦。因此，了解各种元器件失效的特点，对于判断故障是非常重要的。

1）电阻：一般是引脚松脱、烧毁、阻值变大或变小、阻值随温度变化极不稳定。

2）电容：电解电容一般是击穿短路、漏电增大、容量减小或断路，无极性电容器一般是击穿短路或断路、漏电中有电阻效应等。

3）电位器：一般是接触不良、严重磨损、扭力过大而损坏。

4）二极管：一般是击穿、开路、反向电阻变小、正向电阻变大等。

5）晶体管：一般是击穿、开路、漏电严重、参数变差等，是故障率最高的一种器件。

6）集成电路：一般是局部损坏（击穿、开路）或性能变差。

3. 故障的一般诊断方法

查找故障的顺序可以从输入到输出，也可以从输出到输入。检查故障的一般方法如下。

（1）直接观察法

直接观察法是指不用任何仪器，用目视、耳听、鼻嗅、手摸等方法直接发现问题，寻找并分析故障。首先，不加电检查元器件的使用是否正确，布线是否合理，电源电压的大小和极性是否符合要求，元器件引脚有无错接、漏接、互碰等情况，电阻、电容有无烧焦和炸裂等；加电后观察元器件有无发烫、冒烟，变压器有无焦味等。

（2）信号寻迹法

对于各种较复杂的电路，可在输入端接入一个一定幅值、适当频率的信号（例如，对于多级放大器，可在其输入端接入 $f=1\,\text{kHz}$，幅度约为几十 mV 的正弦信号），用示波器由前级到后级逐级检查；也可以从后级逐级向前级检查，逐级观察波形及幅度的变化情况，哪一级异常，则故障就在该级。

（3）器件替代法

有些故障比较隐蔽，难以很快排除，这时可用经过调试且工作正常的单元电路，代替相同的但存在故障或有疑问的相应电路，以便很快判断故障的部位。还可以用相同规格的元器件逐一代替可能有故障的元器件，从而很快地确定有故障的元器件。

使用器件替代法时，要注意在替代前和替代过程中，都应切断电路的电源，严禁带电操作，否则会损坏元器件，甚至会发生人身伤害事故。

（4）分隔测试法

分隔测试法又叫断路法，就是把可疑部分从整个电路中断开，使之不影响其他部分的正常工作，看故障现象是否消失。如果故障消失，则一般来说故障原因就在被断开的电路中。

（5）短路法

短路法又叫交流旁路法，即利用电容器交流阻抗小的特性，将被测电路中的信号对地（机壳）短路，以观察其对故障现象的反应。这种方法对噪声、干扰、纹波、自激振荡等故障的判别简便迅速。当电路有寄生振荡现象时，可以用电容器在电路的适当部分分别接入，使其对地短路，若振荡消失，则表明在此或前级电路是产生振荡的所在。不断使用此法试探，便可寻找到故障点所在。

实际调试时，寻找故障原因的方法多种多样，以上仅列举了几种常用方法，应该根据具体情况灵活运用上述一种或几种方法，互相补充、互相配合，才能找出故障点。

1.3　基本实验仪表与设备

1.3.1　万用表

万用表又称三用表，是一种测量多种电学量、多量程的便携式复用电工测量仪器。一般的万用表以测量电阻、交直流电流、交直流电压为主，有的万用表还可用来测量音频电平、电容量、电感量和晶体管的 β 值等。由于万用表结构简单，使用范围广，便于携带，因而它是维修仪器和调试电路的重要工具，是一种最常用的测量仪表。

万用表的种类很多，按其读数方式可分为模拟式万用表和数字式万用表两类。模拟式万用表是通过指针在表盘上摆动的大小来指示被测量的数值，因此，也称其为机械指针式万用表。数字式万用表是采用集成电路模-数转换器和液晶显示器，将被测量的数值直接以数字形式显示出来的一种电子测量仪表。下面以 UT39 型数字式万用表为例进行介绍。

UT39 型数字式万用表是一种操作方便、读数准确、功能齐全、体积小巧、携带方便、用电池作电源的手持袖珍式大屏幕液晶显示三位半数字式万用表，对应的数字显示最大值为1999。本仪器可用来测量直流电压/电流、交流电压/电流、电阻、二极管正向电压降、晶体管 h_FE 参数、电容容量、信号频率、温度及电路通断等。

1. 面板操作键及作用

UT39 型数字式万用表面板如图 1-1 所示。

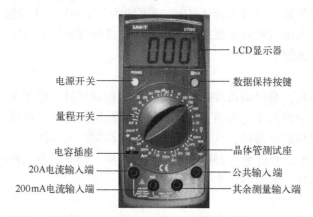

图 1-1　UT39 型数字式万用表面板图

2. 使用方法

（1）直流电压测量

1）将黑色表笔插入 COM 公共输入插孔，红色表笔插入 VΩ 插孔。

2）将功能开关置于 $\overline{V}$ 量程范围，并将表笔并接在被测负载或信号源上。在显示电压读数时，同时会指示出红表笔的极性。

注意：

a. 在测量之前不知被测电压的范围时，应将功能开关置于高量程档后逐步降低。

b. 仅在最高位显示"1"时，说明已超过量程，须调高一档。

c. 不要测量高于 1000 V 的电压，虽然有可能获得读数，但可能会损坏内部电路。

d. 特别注意在测量高压时，避免人体接触到高压电路。

（2）交流电压测量

1）将黑表笔插入 COM 插孔，红表笔插入 VΩ 插孔。

2）将功能开关置于 V~量程范围，并将测试笔并接在被测量负载或信号源上。

注意：

a. 同直流电压测量注意事项 a、b、d。

b. 不要测量高于 750 V 有效值的电压，虽然有可能获得读数，但可能会损坏万用表内部电路。

（3）直流电流测量

1）将黑表笔插入 COM 插孔。当被测电流在 200 mA 以下时，红表笔插 mA 插孔；当被测电流大于 200 mA 时，将红表笔移至 A 插孔。

2）将功能开关置于 A $\overline{}$ 量程范围，测试笔串入被测电路中。在显示电流读数时，同时指示出红表笔的极性。

注意：

a. 如果被测电流范围未知，应将功能开关置于高量程档后逐步降低。

b. 仅最高位显示"1"说明已超过量程，须调高量程档级。

　　c. mA 插口输入时，过载会将内装熔丝熔断，须予以更换，熔丝规格应为 0.3 A（外形尺寸为 ϕ5 mm×20 mm）。

　　d. 20 A 插口没有用熔丝，测量时间应小于 15 s。

　　（4）交流电流测量

　　测量方法和注意事项同直流电流测量。

　　（5）电阻测量

　　1）将黑表笔插入 COM 插孔，红表笔插入 VΩ 插孔（注意：红表笔极性为"+"）。

　　2）将功能开关置于所需 Ω 量程上，将测试笔跨接在被测电阻上。

　　注意：

　　a. 当输入开路时，会显示过量程状态"1"。

　　b. 如果被测电阻超过所用量程，则会指示出量程"1"，须换用高量程档。当被测电阻在 1 MΩ 以上时，本表需数秒后方能稳定读数。对于高电阻测量这是正常的。

　　c. 检测在线电阻时，须确认被测电路已断开电源，同时电容已放电完毕，方能进行测量。

　　d. 有些器件有可能会被进行电阻测量时所加的电流损坏，注意其各档所加的电压值。

　　（6）电容测量

　　将量程开关置于电容量程档，将待测电容插入电容测试插座，从 LCD 上读取读数。

　　注意：

　　a. 所有的电容在测试前必须充分放电。

　　b. 当测量在线电容时，必须先将被测线路内的所有电源关断，并将所有电容器充分放电。

　　c. 如果被测电容为有极性电容，测量时应按面板上输入插座上方的提示符将被测电容的引脚正确地与仪表连接。

　　（7）二极管测量

　　1）将黑表笔插入 COM 插孔，红表笔插入 VΩ 插孔（注意红表笔为"+"极）。

　　2）将功能开关置于 ▶|档，并将测试笔跨接在被测二极管上。

　　注意：

　　a. 当输入端未接入时，即开路时，显示过量程"1"。

　　b. 通过被测器件的电流为 1 mA 左右。

　　c. 此表显示值为正向电压降伏特值，当二极管反接时则显示过量程"1"。

　　（8）蜂鸣通断测试

　　1）将黑表笔插入 COM 插孔，红表笔插入 VΩ 插孔。

　　2）将功能开关置于量程档，并将表笔跨接在欲检查电路的两端。

　　3）若被检查两点之间的电阻小于 30 Ω，蜂鸣器便会发出声响。

　　注意：

　　a. 当输入端接入开路时显示过量程"1"。

　　b. 被测电路必须在切断电源的状态下检查通断，因为任何负载信号都将使蜂鸣器发声，导致判断错误。

（9）晶体管 h_{FE} 测试

1）将功能开关置于 h_{FE} 档上。

2）先认定晶体管是 PNP 型还是 NPN 型，然后再将被测管 E、B、C 三脚分别插入面板对应的晶体管插孔内。

3）此表显示的是 h_{FE} 近似值，测试条件为基极电流 10 μA，U_{ce} 约为 2.8 V。

3. 注意事项

1）不要接高于 1000 V 的直流电压或高于 750 V 有效值的交流电压。

2）切勿误接量程以免内外电路受损。

3）仪表后盖未完全盖好切勿使用。

4）更换电池及熔丝须在拔去表笔及电池开关后进行。旋出后盖螺钉，轻轻地稍微掀起后盖并同时向前推后盖，使后盖上挂钩脱离表壳即可取下后盖。按后盖上注意说明的规格要求更换电池或熔丝，此表熔丝规格为 0.3 A 250 V，外形尺寸为 φ5 mm×20 mm。

1.3.2 直流稳压电源

直流稳压电源是将交流电转变为稳定的、输出功率符合要求的直流电的设备。各种电子电路都需要稳压电源供电，所以直流稳压电源是电子电路或仪器不可缺少的组成部分。下面简要介绍 DF1731SC3A 型直流稳压电源的使用。

DF1731SC3A 型直流稳压电源是由两路可调式直流输出电源和一路固定输出电压源组成的高精度直流电源。其中两路可调式电源具有稳压与稳流自动转换功能。单路稳压状态时，输出电压从 0~30 V 连续可调；稳流状态时，单路输出电流能在 0~3 A 之间任意调整。主、从路电源均采用悬浮输出方式，可以独立输出互不影响，也可以串联或并联输出。串联时，从路输出电压跟踪主路输出电压；并联时，输出电流为两路独立输出电流之和。固定输出电压源输出 5 V 电压。三组电源均具有可靠的过载保护功能，输出过载或短路都不会损坏电源。

1. 面板操作键及功能说明

DF1731SC3A 型直流稳压电源的面板如图 1-2 所示。

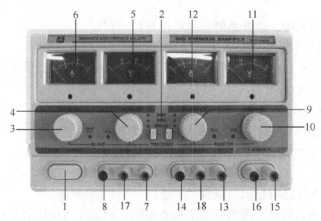

图 1-2　DF1731SC3A 型直流稳压电源面板图

【1】：电源开关。当开关被按下时（置于 ON 位），本机处于"开"状态，此时稳压指示灯（C. V）或稳流指示灯（C. C）点亮。

【2】：两路电源独立、串联、并联控制开关。当两个开关都处于弹起（INDEP）位置时，本机作为两个独立的可调电源使用；当左边的开关按下，右边的开关弹起（SERIES）时，两路可调电源可以串联使用；当两个开关都处于按下（PARALLEL）的位置时，两路可调电源可以并联使用。

【3】：第 1 路稳流输出电流调节旋钮。调节第 1 路输出电流值（如调节限流保护点）。

【4】：第 1 路稳压输出电压调节旋钮。调节第 1 路输出电压值，0~30V 连续可调。

【5】：第 1 路电压表。指示第 1 路的输出电压值。

【6】：第 1 路电流表。指示第 1 路的输出电流值。

【7】：第 1 路直流输出正接线柱。输出直流电压的正极。

【8】：第 1 路直流输出负接线柱。输出直流电压的负极。

【9】：第 2 路稳流输出电流调节旋钮。调节第 2 路输出电流值（如调节限流保护点）。

【10】：第 2 路稳压输出电压调节旋钮。调节第 2 路输出电压值，0~30V 连续可调。

【11】：第 2 路电压表。指示第 2 路的输出电压值。

【12】：第 2 路电流表。指示第 2 路的输出电流值。

【13】：第 2 路直流输出正接线柱。输出直流电压的正极。

【14】：第 2 路直流输出负接线柱。输出直流电压的负极。

【15】：固定 5V 直流电源输出正接线柱。输出固定 5V 电压的正极。

【16】：固定 5V 直流电源输出负接线柱。输出固定 5V 电压的负极。

【17】【18】：本机公共地。

2. 双路可调稳压源的使用方法

1）将【2】置于两个开关都弹起（INDEP）的位置。此时，第 2 路和第 1 路作为两路独立的稳压源使用。本节以第 1 路为例，介绍调节电压的过程。（当仪表上无【2】时，本步操作可跳过）。

2）首先顺时针调整电流调节旋钮【3】至最大，然后按下电源开关【1】，打开电源。调整电压调节旋钮【4】，至电压表【5】上显示所需的电压值。此时，稳压指示灯（C. V）点亮。

3）输出直流电压：从【7】【8】输出直流电压。

第 2 路电压的调整方法与第 1 路类似。

注意：在作为稳压源使用时，电流调节旋钮【3】一般应该调至最大，但是本电源也可以任意设定限流保护点。按下电源开关【1】，逆时针调整电流调节旋钮【3】至最小，此时稳流指示灯（C. C）点亮。然后短接【7】【8】，并顺时针调整电流调节旋钮【3】，使输出电流等于所要求的限流保护点电流，此时限流保护点就被设定好了。

3. 使用注意事项

1）两路可调输出电源和一路固定 5V 输出电源均设有限流保护功能，但当输出端短路时，应尽早发现并切断电源，排除故障后再使用。

2）在开机或调压、调流过程中，继电器发出"喀"的声音属正常现象。

1.3.3 信号发生器

信号发生器是一种能产生测试信号的信号源，是最基本和应用最广泛的电子仪器之一。信号发生器的种类繁多，按输出波形可分为正弦信号发生器、脉冲信号发生器、函数信号发生器；按输出频率范围可分为低频信号发生器、高频信号发生器、超高频信号发生器。

信号发生器一般应满足如下要求：具有较高的频率准确度和稳定度；具有较宽的频率范围，且频率可连续调节；在整个频率范围内具有良好的输出波形，即波形失真要小；输出电压可连续调节，且基本不随频率的改变而变化。

DG1062 型函数信号发生器是一种精密仪器，它可输出多种信号：连续信号、扫频信号、函数信号、脉冲信号、单脉冲等。它的输出可以是正弦波、矩形波或三角波等基本波形，还可以是锯齿波、脉冲波、噪声波等多种非对称波形及任意波形。使用频率范围为 1 μHz~60 MHz。

1. 面板操作键及功能说明

DG1062 型函数信号发生器面板如图 1-3 所示。

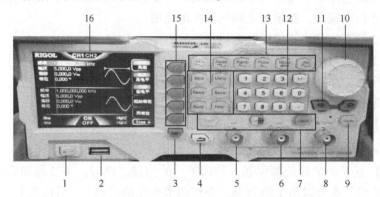

图 1-3　DG1062 型函数信号发生器面板图

【1】：电源键。用于开启或关闭信号发生器。

【2】：USB Host。可插入 U 盘，读取 U 盘中的波形文件或状态文件，或将当前的仪器状态或编辑的波形数据存储到 U 盘中，也可以将当前屏幕显示的内容以图片格式（∗.Bmp）保存到 U 盘。

【3】：菜单翻页键。打开当前菜单的下一页。

【4】：返回上一级菜单键。退出当前菜单，并返回上一级菜单。

【5】：CH1 输出连接器。输出 BNC 连接器，标称输出阻抗为 50 Ω。当 Output1 打开时（背灯变亮），该连接器以 CH1 当前配置输出波形。

【6】：CH2 输出连接器。输出 BNC 连接器，标称输出阻抗为 50 Ω。当 Output2 打开时（背灯变亮），该连接器以 CH2 当前配置输出波形。

【7】：通道控制区。

- Output1：用于控制 CH1 的输出。按下该键，背灯点亮，打开 CH1 输出。再次按下该键，背灯熄灭，此时，关闭 CH1 输出。

- Output2：用于控制 CH2 的输出。按下该键，背灯点亮，打开 CH2 输出。再次按下该键，背灯熄灭，此时，关闭 CH2 输出。
- CH1CH2：用于切换 CH1 或 CH2 为当前选中通道。

【8】：Counter 测量信号输入连接器。输入连接器输入阻抗为 1 MΩ，用于接收频率计测量的被测信号。

【9】：频率计。按下该按键，背灯变亮，左侧指示灯闪烁，频率计功能开启。再次按下该键，背灯熄灭，此时，关闭频率计功能。

【10】：旋钮。使用旋钮设置参数时，用于增大（顺时针）或减小（逆时针）当前光标处的数值。

【11】：方向键。使用旋钮设置参数时，用于移动光标以选择需要编辑的位；使用键盘输入参数时，用于删除光标左边的数字。

【12】：数字键盘。包括数字键（0～9）、小数点（.）和符号键（+/−），用于设置参数。

【13】：波形选择键。选中某波形键按下时，按键背灯变亮。

- Sine：提供正弦波输出。可以设置正弦波的频率/周期、幅值/高电平、偏移/低电平和起始相位。
- Square：提供可变占空比的方波输出。可以设置方波的频率/周期、幅值/高电平、偏移/低电平、占空比和起始相位。
- Ramp：提供可变对称性的锯齿波输出。可以设置锯齿波的频率/周期、幅值/高电平、偏移/低电平、对称性和起始相位。
- Pulse：提供可变脉冲宽度和边沿时间的脉冲波输出。可以设置脉冲波的频率/周期、幅值/高电平、偏移/低电平、脉宽/占空比、上升沿、下降沿和起始相位。
- Noise：提供高斯噪声输出。可以设置噪声的幅值/高电平和偏移/低电平。
- Arb：提供任意波输出。可以设置任意波的频率/周期、幅值/高电平、偏移/低电平和起始相位。

【14】：功能键。

- Mod：可输出多种已调制的波形。提供多种调制方式：AM、FM、PM、ASK、FSK、PSK 和 PWM。
- Sweep：可产生正弦波、方波、锯齿波和任意波（DC 除外）的 Sweep 波形。支持线性、对数和步进 3 种 Sweep 方式。
- Burst：可产生正弦波、方波、锯齿波、脉冲波和任意波（DC 除外）的 Burst 波形。支持 N 循环、无限和门控 3 种 Burst 模式。
- Utility：用于设置辅助功能参数和系统参数。
- Store：可存储或调用仪器状态或者用户编辑的任意波数据。
- Help：要获得任何前面板按键或菜单软键的帮助信息，按下该键后，再按下所需要获得帮助的按键。

【15】：菜单软键。与其左侧显示的菜单一一对应，按下该软键激活相应的菜单。

【16】：LCD 显示屏。彩色液晶显示屏，显示当前功能的菜单和参数设置、系统状态以及提示消息等内容。

2. DG1062 型函数信号发生器的用户界面

DG1062 型函数信号发生器的用户界面包括三种显示模式：双通道参数（默认）、双通道图形和单通道显示。下面以双通道参数显示模式为例介绍仪器的用户界面，如图 1-4 所示。

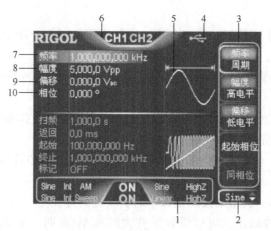

图 1-4　DG1062 型函数信号发生器用户界面

【1】通道输出配置状态栏。显示各通道当前的输出配置。各种可能出现的配置输出如图 1-5 所示。

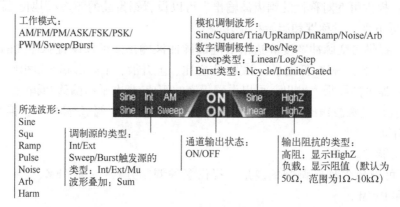

图 1-5　用户界面界面中配置状态栏解析

【2】当前功能及翻页提示。显示当前已选中功能的名称。例如："Sine"表示当前选中正弦波功能。

【3】菜单。显示当前已选中功能对应的操作菜单。

【4】状态栏。分别表示仪器连接局域网、远程工作模式、前面板被锁定或检测到 U 盘时显示。

【5】波形。显示各通道当前选择的波形。

【6】通道状态栏。指示当前通道的选中状态和开关状态。选中 CH1 时，状态栏边框显示黄色；选中 CH2 时，状态栏边框显示蓝色；打开 CH1 时，状态栏中"CH1"以黄色高亮显示；打开 CH2 时，状态栏中"CH2"以蓝色高亮显示。

注意：可以同时打开两个通道，但不可同时选中两个通道。

【7】频率。显示各通道当前波形的频率。按相应的"频率/周期"键使"频率"突出显示，通过数字键盘或方向键和旋钮改变该参数。

【8】幅度。显示各通道当前波形的幅度。按相应的"幅度/高电平"键使"幅度"突出显示，通过数字键盘或方向键和旋钮改变该参数。

【9】偏移。显示各通道当前波形的直流偏移。按相应的"偏移/低电平"键使"偏移"突出显示，通过数字键盘或方向键和旋钮改变该参数。

【10】相位。显示各通道当前波形的相位。按相应的"起始相位"菜单后，通过数字键盘或方向键和旋钮改变该参数。

3. DG1062 型函数信号发生器的基本操作

DG1062 型函数信号发生器可从单通道或同时从双通道输出基本波形，包括正弦波、方波、锯齿波、脉冲和噪声。本节主要介绍如何从"CH1"连接器输出一个正弦波（频率为 20 kHz，幅值为 2.5 Vrms）。

（1）选择输出通道

按通道选择键"CH1｜CH2"选中 CH1。此时通道状态栏边框以黄色标识。

（2）选择正弦波

按"Sine"键选择正弦波，背灯变亮表示功能选中，屏幕右方出现该功能对应的菜单。

（3）设置频率/周期

按"频率/周期"键使"频率"突出显示，通过数字键盘输入 20，在弹出的菜单中选择单位 kHz。

- 频率范围为 1 μHz ~ 60 MHz。
- 可选的频率单位有：MHz、kHz、Hz、mHz、μHz。
- 再次按下此软键切换至周期的设置。
- 可选的周期单位有：sec、msec、μsec、nsec。

（4）设置幅值

按"幅值/高电平"键使"幅值"突出显示，通过数字键盘输入 2.5，在弹出的菜单中选择单位 Vrms。

- 幅值范围受阻抗和频率/周期设置的限制。
- 可选的幅值单位有：Vpp、mVpp、Vrms、mVrms、dBm（仅当"Utility"→通道设置→输出设置→阻抗为非高阻时，dBm 有效）。
- 再次按下此软键切换至高电平设置。
- 可选的高电平单位有：V、mV。

（5）启用输出

按"Output1"键，背灯变亮，"CH1"连接器以当前配置输出正弦波信号。

（6）观察输出波形

使用连接线将 DG1062 型函数信号发生器的"CH1"与示波器相连接，可以在示波器上观察到频率为 20 kHz，幅度为 2.5 Vrms 的正弦波。

4. 使用内置帮助系统

DG1062 型函数信号发生器内置帮助系统对于前面板上的每个功能按键和菜单软键都提

供了帮助信息。用户可在操作仪器的过程中随时查看任意键的帮助信息。

（1）获取内置帮助的方法

按下"Help"键，背灯点亮，然后再按下所需要获得帮助的功能按键或菜单软键，仪器界面显示该键的帮助信息。

（2）帮助的翻页操作

当帮助信息为多页显示时，通过菜单软键（上一行）/（下一行）/（上一页）/（下一页）或旋钮可滚动帮助信息页面。

（3）关闭当前的帮助信息

当仪器界面显示帮助信息时，用户按下前面板上的任意功能按键（除"Output1"和"Output2"键外），将关闭当前显示的帮助信息并跳转到相应的功能界面。

（4）常用帮助主题

连续按两次"Help"键打开常用帮助主题列表。此时，可通过按（上一行）/（下一行）/（上一页）/（下一页）菜单软键或旋转旋钮滚动列表，然后按"选择"键选中相应的帮助信息进行查看。

1.3.4　电子示波器

示波器是在显示屏上显示出电信号波形的仪器，它是一种综合性的电信号测试仪器，其主要特点是：不仅能显示电信号的波形，而且还可以测量电信号的幅度、周期、频率和相位等；测量灵敏度高、过载能力强；输入阻抗高，因此示波器是一种应用非常广泛的测量仪器。为了研究几个波形间的关系，常采用双踪和多踪示波器。下面介绍 TBS1072B-EDU 型数字存储示波器及其使用。

1. 面板操作键及作用

TBS1072B-EDU 型数字存储示波器的面板如图 1-6 所示。

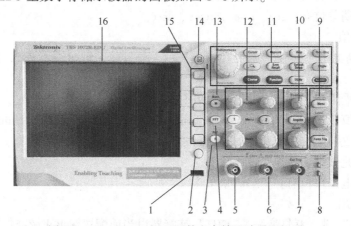

图 1-6　TBS1072B-EDU 型数字存储示波器面板图

【1】：USB 接口。可插入 U 盘用于文件存储。示波器可以将数据保存到 U 盘并从 U 盘中检索数据。

【2】：菜单开关键。打开或关闭屏幕右侧菜单。

【3】：Ref 键。显示 Reference Menu（参考波形）以快速显示或隐藏存储在示波器非易

失性存储器中的参考波形。

【4】：FFT 键。FFT 将时域信号转换为频谱并显示。

【5】：通道 1 输入连接器。

【6】：通道 2 输入连接器。

【7】：外部触发信源的输入连接器。使用"Trigger Menu（触发菜单）"选择 Ext 或 Ext/5 触发信源。

【8】：探头补偿输出及机箱基准信号输出。

【9】：触发控制。

- Menu 触发菜单：按下时，将显示触发菜单。
- Level 电平旋钮：使用边沿触发或脉冲触发时，"电平"旋钮设置采集波形时信号所必须越过的幅值电平。按下该旋钮可将触发电平设置为触发信号峰值的垂直中点（设置为 50%）。
- Force Trig 强制触发：无论示波器是否检测到触发，都可以使用此按钮完成波形采集。

【10】：水平控制。

- Position 位置：调整所有通道和数学波形的水平位置。这一控制的分辨率随时基设置的不同而改变。
- Acquire 采集：显示采集模式（采样、峰值检测和平均）。
- Scale 刻度：选择水平时间/格（标度因子）。

【11】：菜单和控制按钮。

- Multipurpose 多用途旋钮：通过显示的菜单或选定的菜单选项来确定功能。激活时，相邻的 LED 变亮。
- Cursor 光标：显示 Cursor（光标）菜单。
- Measure 测量：显示"自动测量"菜单。
- Save/Recall 保存/调出：显示设置和波形的 Save/Recall（保存/调出）菜单。
- Function 函数：显示函数功能。
- Help 帮助：显示 Help（帮助）菜单。
- DefaultSetup 默认设置：调出厂家设置。
- Utility 辅助功能：显示 Utility（辅助功能）菜单。
- Run/Stop 运行/停止：连续采集波形或停止采集。
- Single 单次：采集单个波形，然后停止。
- Autoset 自动设置：自动设置示波器控制状态，以产生适用于输出信号的显示图形。

【12】：垂直控制。

- Position 位置（1 和 2）：可垂直定位波形。
- Menu 菜单（1 和 2）：显示"垂直"菜单选择项并打开或关闭对通道波形显示。
- Scale 刻度（1 和 2）：选择垂直刻度系数。

【13】：Math。数学计算按钮。

【14】：保存按钮。按此按钮，可以向 U 盘快速存储图像信息或文件。

【15】：屏幕右端菜单选择按钮。

【16】：显示屏。

2. TBS1072B-EDU 型数字存储示波器的基本操作。

TBS1072B-EDU 型数字存储示波器是一个双通道输入的示波器。假设函数信号发生器产生一个频率为 1.25 kHz，电压峰峰值为 2.8 V 的正弦波，将该信号送往示波器观测。

（1）选择输入通道

在通道 1 输入连接器接上示波器探头。

（2）设置通道 1 配置

按下垂直控制区【12】中的 Menu 1，打开 CH1 通道的菜单选择项，进行通道 1 配置。

1）耦合方式

- 直流耦合：被测信号中的交、直流成分均送往示波器。
- 交流耦合：被测信号中的直流成分被隔断，仅将被测信号中的交流成分送入示波器中观察。
- 接地：输入信号被接地，仅用于观测输入为零时光迹所在的位置。

2）探头衰减设置

探头有不同的衰减系数，它影响信号的垂直刻度。

选择与探头衰减相匹配的系数。例如，要与连接到 CH1 的设置为 10X 的探头相匹配，需按下"探头"→"衰减"选项，然后选择 10X。

3）通道极性设置

设置 CH1 输入信号的极性。

- 反相开启：CH1 通道输入信号反相显示。
- 反相关闭：CH1 通道输入信号维持原相位。

（3）输入信号

探头接入输入信号。

（4）按 Autoset 键

按下菜单和控制按钮区域中的 Autoset 键，波形稳定显示在屏幕上，如图 1-7 所示。

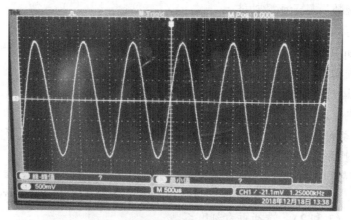

图 1-7　示波器屏幕显示信号波形

1.3.5　交流毫伏表

交流毫伏表（又称交流电压表）是一种用来测量正弦电压有效值的电子仪表，可对一般放大器和电子设备的信号电压进行测量，是电子测量中使用最广泛的仪器之一。交流毫伏表种类繁多，按显示方式及测量原理不同，可分为模拟式电压表（AVM）和数字式电压表（DVM）；按所测量信号的频度范围不同可分为低频毫伏表、高频毫伏表和超高频毫伏表。

交流毫伏表的特点是输入阻抗高，对测量电路的分流作用小，测量结果较为接近被测交流电压的实际值，一般毫伏表的输入阻抗至少为 500 kΩ，甚至达到几 MΩ；灵敏度高，灵敏度反映了毫伏表测量微弱信号的能力，灵敏度越高，测量微弱信号的能力越强，一般毫伏表可以测量到毫伏级；电压测量范围广，仪表的量程一般可以从几百 V 一直到 1 mV。

下面介绍 DF2175A 型交流毫伏表，它是通用型电压表，可测量 30 μV ~ 300 V、5 Hz ~ 2 MHz 交流电压有效值，具有可测量电压的频率范围宽、可测量电压的灵敏度和测量精度高、本机噪声低、测量误差小的优点，并具有相当好的线性度。

1. 毫伏表面板操作键及功能

图 1-8 为 DF2175A 型交流毫伏表面板图。

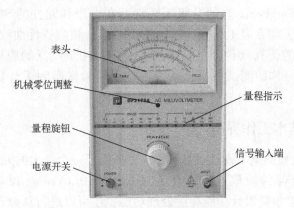

图 1-8　DF2175A 型交流毫伏表面板图

2. 使用方法

1）接通电源，"量程指示"各档位发光二极管全亮，然后自左至右依次轮流检测，检测完毕后停止于 300 V 档指示，并自动将量程置于 300 V 档。

2）将"量程开关"置于适当量程，再由"信号输入端"加入测量信号。量程转换时，由于电容的放电过程，指针有所晃动，需待指针稳定后读取数据。"量程指示"在 1、10、100 档位时看第一行刻度线，在 3、30、300 档位时看第二行刻度线。

1.4　电子电路仿真软件 Multisim

1.4.1　电子电路仿真软件概述

随着计算机在国内的逐渐普及，EDA（Electronic Design Automatic，电路设计自动化）软件在电子电路中的应用越来越广泛。EDA 软件引入了软件仪器和软件器件，即虚拟仪表和虚拟元器件，从而产生了一系列电子实验和设计方法的改变。仿真技术也是随之发展起来的利用计算机模仿实过程的实用技术。由于电子电路仿真软件集成了实验的所有控制、数据分析、结果输出和用户界面等功能，使得仿真实验能很好地代替传统实验。

利用 EDA 技术开设仿真实验，可节省多种测试仪器，节约经费开支，同时充分发挥 EDA 精确分析、直观显示、全频带工作的优越性。如果在常规实验之前要求学生先对实验电路进行 EDA 测试仿真，不但能够深化学生对理论知识的理解，增强实际工作能力，而且避免了实验的盲目性，提高了学生对实验课的兴趣。利用 EDA 技术，可以绘制实验相关电路原理图，更有效地进行实验原理分析，提高了学习兴趣。利用 EDA 工具软件中的虚拟仪表，可以帮助学生熟悉数字万用表、信号发生器、示波器等常用仪器的功能及使用方法。这样，既可增加学生对实际动手操作的信心，也可减少因操作不当而导致的仪器设备的损坏。

常用的电子电路仿真和模拟软件有美国 Cadence 公司的 OrCAD 软件、美国 NI 公司的 Multisim 软件、美国 Altium 公司的 Protel 软件、美国 Microsim 公司的 PsPice 软件。这些软件都各有特点，分别适用于不同的人群。

Multisim 是一个用于电子线路仿真与设计的 EDA 软件，它是 ITT 公司电子线路仿真软件 EWB（Electronic WorkBench）的升级版。它可在电路和元件的 SPICE 参数的基础上，仿真电路的各种指标，如直流工作点、输入输出波形、频响特性曲线等。Multisim 软件是使用最方便、最直观的仿真软件，也是虚拟实验中使用最广泛的应用软件，接通开关就可以进行和实物实验一样的测试分析，就像把整个实验室搬到了计算机中，使用非常方便、直观。

1.4.2 Multisim 基本工作界面

Multisim 是一个完整的电子设计工具软件，它提供了一个巨大的元器件数据库，并提供原理图输入接口、全部的数模 SPICE 仿真功能、VHDL/Verilog 设计接口与仿真功能、FPGA/CPLD 综合、RF 射频设计功能和后处理功能，还可以进行从原理图到 PCB 布线工具包 Ultiboard 的无缝隙数据传输，它还提供了强大的虚拟仪器功能，提供了 20 种电路分析方法，是一个集原理电路设计、电路功能测试为一体的虚拟仿真软件。运用 Multisim 软件进行仿真实验，设计与实验可以同步进行，可以边设计边实验，修改调试方便；设计和实验用的元器件及测试仪器仪表齐全，可以完成各种类型的电路设计与实验；可以方便地对电路参数进行测试和分析；可以直接打印输出实验数据、测试参数、曲线和电路原理图；实验中不消耗实际的元器件，实验所需元器件的种类和数量不受限制，实验成本低，实验速度快，效率高；设计和实验成功的电路可以直接在产品中使用。

安装 Multisim 软件后，启动该程序，出现 Multisim 的基本工作界面，如图 1-9 所示。

从图中可以看出，Multisim 基本工作界面主要由菜单栏、标准工具栏、视图工具栏、主工具栏、仿真工具栏、元件工具栏、电路窗口、仪表工具栏和状态栏等组成。通过对各部分的操作，可以在电路窗口中创建、编辑电路图，并根据需要对电路进行相应的仿真及分析，用户可以通过菜单或工具栏改变 Multisim 基本界面的视图内容。

1.4.3 Multisim 基本操作

1. 编辑原理图

编辑原理图包括建立电路文件、设置电路界面、放置元器件、连接电路、编辑处理及保存文件等步骤。

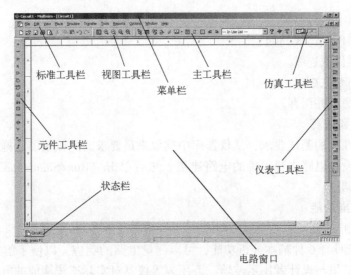

图 1-9　Multisim 的基本工作界面

（1）建立电路文件

若从启动 Multisim 系统开始，则在 Multisim 基本工作界面上会自动打开一个空白的电路文件；在 Multisim 正常运行时，也只需单击系统工具栏中的新建（New）按钮，同样将出现一个空白的电路文件，系统自动将其命名为 Circuit1，可在保存文件时重新命名。

（2）设置电路界面

在进行具体的原理图编辑前，可通过菜单 View 中的各个命令和"Options/Preferences"对话框中的若干选项来设置电路界面。

（3）放置元器件

编辑电路原理图所需电路元器件一般可通过元件工具栏中的元件库直接选择拖放。例如：要放置一个确定阻值的固定电阻，先单击元件工具栏中的"Place Basic"图标，即出现一个"Select a Component"对话框，进而单击"Family：RESISTOR"，即可进一步单击选择具体阻值和偏差，最后单击"OK"按钮，选定的电阻即紧随鼠标指针，在电路窗口内可被任意拖动，确定好合适位置后，单击鼠标即可将其放置在当前位置。同理，可放置其他电路元器件和电源、信号源、虚拟仪器仪表等。

（4）连接电路

将所有的元器件放置完毕后，需要对其进行电路连接，操作步骤如下。

1）将鼠标指向所要连接的元器件引脚上，鼠标指针会变成黑圆点状。

2）单击并移动鼠标，即可拉出一条虚线，如需从某点转弯，则先单击，固定该点，然后移动鼠标。

3）到达终点后单击，即可完成两点之间的电气连接。

（5）对电路原理图进一步编辑处理

1）修改元器件的参考序号。只需双击该元器件符号，在弹出的属性对话框中就可修改其参考序号。

2）调整元器件和文字标注的位置。可对某些元器件的放置位置进行调整，具体方法为：单击选中该元器件，拖动鼠标到合适的放置位置，然后单击即可。

3）显示电路节点号。

4）修改元器件或连线的颜色。

5）删除元器件或连线。

（6）命名和保存文件

最后对文件命名并保存。

2. 电路分析和仿真

根据对电路性能的测试要求，从仪器库中选取满足要求的测试仪器，拖至电路工作区的合适位置，并与设计电路进行正确的电路连接，然后单击"Run/Simulation"按钮，即可实现对电路的仿真调试。

3. 分析和扫描功能

（1）基本分析功能

Multisim 系统具有 6 种基本分析功能，可以测量电路的响应，以便了解电路的基本工作状态，这些分析结果与设计者用示波器、万用表等仪器对实际连线构成的电路所测试的结果相同。但在进行电路参数的选择时，用该分析功能则要比使用实际电路方便很多。例如：双击鼠标左键就可选用不同型号的集成运放或其他电路的参数，来测试它们对电路的影响，而对于一个实物电路而言，要做到这一点则需花费大量的时间去替换电路中的元器件。

6 种基本分析功能包括：直流工作点分析、交流频率特性分析、瞬态分析、傅里叶变换、噪声分析、失真分析。

（2）高级分析功能、统计分析功能和扫描分析功能

除了基本分析功能外，还有多种高级分析、统计分析和扫描分析功能，可以在扫描分析各种条件和参数随机变化时观察电路的变化，从而评价电路的性能；还可以利用统计方法分析元器件参数不可避免的分散性对电路的影响，从而使所设计的电路成为最终产品，为有关电路的生产制造提供信息。

4. 使用注意事项

在计算机中安装 Multisim 仿真软件之后，使用 Multisim 仿真实验时需要注意的是：Multisim 仿真实验中用到的器件要与实物实验一致，如果在仿真器件库中找不到相同的器件，一定要用相同或相似性能的器件代替；另外，Multisim 仿真实验永远无法代替实物实验（实物实验会遇到如器件损坏、仪表误操作等方面的问题），我们在处理实物实验问题的过程中，调试经验会得到提高，动手能力会得到锻炼。

1.4.4 仿真电路的建立

用 Multisim 进行电路仿真实验，必须先搭接好实验电路，下面以单级阻容耦合放大器仿真实验为例，说明仿真电路建立的过程，实验电路如图 4-13 所示。

1. 建立电路文件

启动 Multisim 系统，在 Multisim 基本界面上总会自动打开一个空白的电路文件，系统自动命名为 Circuit 1，可以在保存电路文件时再重新命名为"单级阻容耦合放大器"。

2. 选择并放置元器件

Multisim 已将精心设计的若干元器件模型放置在元器件工具栏的元件库中，如图 1-10 所示，这些元器件模型是进行电路仿真设计的基础。选取元器件最直接的方法是从元器件工

具栏中选取。元器件工具栏包括 15 个按钮，每个按钮对应一个元件盒，而每个元件盒中又包含了数量不等的性能相近的元器件。

图 1-10　元器件工具栏

・: Source （电源库）　　　　　　　・: Mixed （混合元件库）

・: Basic （基本元件库）　　　　　　・: Indicator （指示元件库）

・: Diode （二极管库）　　　　　　　・: Power （电源器件）

・: Transistor （晶体管库）　　　　　・: Miscellaneous （其他元件库）

・: Analog （模拟元件库）　　　　　　・: peripherals （外围设备）

・: TTL （TTL 元件库）　　　　　　　・: Electromechanical （机电类元件库）

・: CMOS （CMOS 元件库）　　　　　・: RF （射频元件库）

・: Miscellaneous Digital （数字元件库）

(1) 选取晶体管放置到电路图中

用鼠标单击图 1-10 中的晶体管图标，进入晶体管选择界面，如图 1-11 所示。Multisim 提供了 3 个元件库，分别是 Master、Corporate 和 User 元件库。Multisim 默认元件库为 Master，也是最常用的元件库。Group 下拉列表中，列出了元器件工具栏的 15 类元件。在 Transistors 的 Family 显示窗口中，选择 "BJT_NPN"，在 Component 中选中晶体管 2SC945，这是小信号放大常用的晶体管，同类型的还有：DG6、3DG100、S9013 和 2N3904 等。单击 "OK" 按钮，即可将 2SC945 晶体管放入电路图中，如图 1-12 所示。

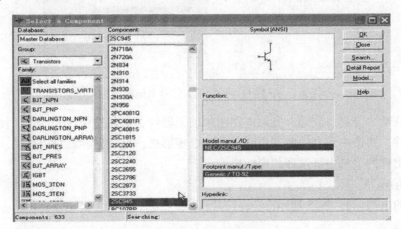

图 1-11　晶体管选择界面

(2) 添加电阻、电位器、电容到电路图中

用鼠标单击 "Basic" 图标，进入基本元件库，在 Family 中选中 "RESISTOR"（电阻）系列，在 Component 中分别选中所需的电阻；在 POTENTIOMETER（电位器）系列中选中 "500K_LIN" 电位器；在 CAP 中选中所需的电容，放置到电路图中，如图 1-13 所示。

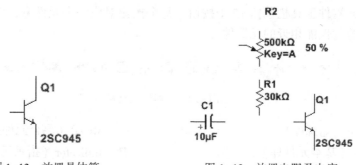

图 1-12　放置晶体管　　　　　图 1-13　放置电阻及电容

（3）添加直流稳压电源及输入信号电压源到电路图中

用鼠标单击"Sources"图标，进入电源库，在 Family 中选中"POWER_SOURCES"（电源），在 Component 中分别选中"DC_POWER"（直流电源）和"GROUND"（地），放置到电路图中；在 Family 中选中"SIGNAL_VOLTAGE_SOURCE"（信号电压源），在 Component 中选中"AC_VOLTAGE"（交流电压源），可以在输入端添加输入信号电压源，如图 1-14 所示。双击直流电源或信号源，打开其参数设置窗口，分别设置直流电源电压为 12 V，输入信号源的周期为 1 kHz，幅度为峰峰值 10 mV。

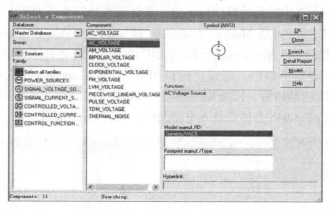

图 1-14　添加输入信号电压源

如果要移动、复制、旋转、删除电路图中的元器件，必须选中该元器件，使用鼠标左键单点该元器件，被选中元器件的四周会出现一个矩形框，拖动鼠标就可以移动。单击鼠标右键，在随之出现的菜单中可选择相应的操作。

（4）连接电路

连接完的电路如图 1-15 所示。

1.4.5　电路仿真与分析

编辑好电路原理图后，在电路中加入虚拟仪器，就可以对所编辑的电路进行仿真分析了。

1. 仪器仪表的选用与连接

Multisim 提供了 21 种仪器仪表，仪器仪表工具栏通常位于电路窗口的右边，也可以用鼠标将其拖至菜单的下方，呈水平状，如图 1-16 所示。

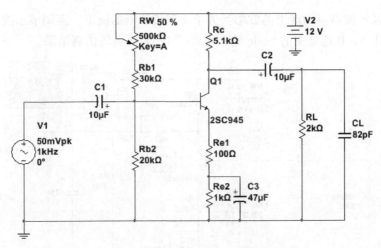

图 1-15　单级阻容耦合放大器仿真电路

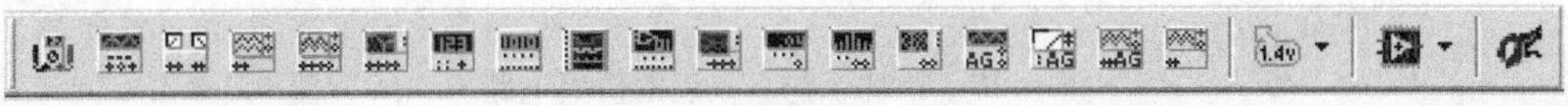

图 1-16　仪器仪表工具栏

: Multimeter（数字万用表）

: Function Generation（函数信号发生器）

: Wattmeter（瓦特表）

: Oscilloscope（双踪示波器）

: 4Channel Oscilloscope（4 通道示波器）

: Bode Plotter（伯德图仪）

: Frequency Counter（频率计数器）

: Word Generator（字信号发生器）

: Logic Analyzer（逻辑分析仪）

: Logic Converter（逻辑转换器）

: IV-Analysis（IV 分析仪）

: Distortion Analyzer（失真分析仪）

: Spectrum Analyzer（频谱分析仪）

: Network Analyzer（网络分析仪）

: Agilent Function Generation（安捷伦函数信号发生器）

: Agilent Multimeter（安捷伦万用表）

: Agilent Oscilloscope（安捷伦示波器）

: Tektronix Oscilloscope（泰克示波器）

: Measurement Probe（动态测量探针）

: LabView Instrument（LabView 设备）

: Current Probe（电流探针）

　　用鼠标单击仪器仪表工具栏中所选用的仪器图标按钮，并拖放至电路工作界面即可，操作过程类似于元器件的拖放。

　　用鼠标单击仪器仪表工具栏中 "Oscilloscope" 图标按钮，选中双踪示波器并拖放至电路工作界面，与电路图连接，A 通道接输入信号，B 通道接输出；用鼠标单击万用表图标按钮，选中万用表并拖放至晶体管的发射极和集电极，设置两个万用表均为直流电压档，电路连接如图 1-17 所示。

2. 电路仿真的操作

　　用鼠标单击电路窗口上的电路仿真开关工具栏中的启动图标，或执行菜单命令 "Simulate→Run"，系统启动仿真软件。双击仿真电路中两万用表图标和示波器图标，得到万用表的读数及示波器显示屏上的波形，为了得到较清晰的波形，需调节示波器界面上时基（Time Base）和 A、B 通道中的 Scale 值，得到图 1-18 所示的仿真结果。

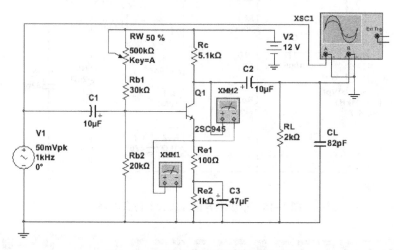

图 1-17　添加了仿真仪表的仿真电路

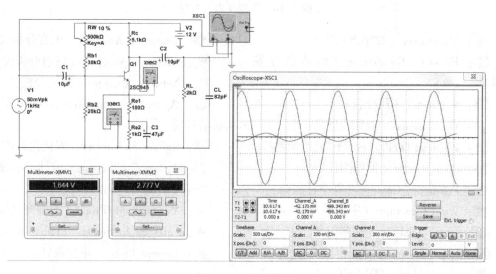

图 1-18　仿真结果

第 2 章　基本测量技术

2.1　概述

一个物理量的测量可以通过不同的方法来实现，而电子测量是一门发展十分迅速的学科，这里仅简要介绍基本电量测量中的一些共性问题。

任何一个电子电路，在经过设计并组装成电路后，为了检验实际电路是否达到设计要求，通常必须借助电子仪器仪表（如万用表、信号产生器、示波器等），测量电路的某些参数，然后根据测量数据进行分析。若电路工作不正常，或主要性能参数达不到设计要求，则必须适当调整电路元件的数值，使电路性能满足要求。

2.1.1　测量方法的分类

1. 直接测量与间接测量

（1）直接测量

直接测量是一种直接得到被测量值的测量方法。例如用直流电压表测量稳压电源的输出电压等。

（2）间接测量

与直接测量不同，间接测量是利用直接测量的量与被测量之间已知的函数关系，得到被测量值的测量方法。例如，测量放大器的电压放大系数 A_u，一般是分别测量交流输出电压 U_o 与交流输入电压 U_i，因为 $A_u = U_o/U_i$，即可算出 A_u。这种方法常用于被测量不便直接测量，或者间接测量的结果比直接测量更为准确的场合。

（3）组合测量

这是一种兼用直接测量和间接测量的方法，将被测量和另外几个量组成联立方程，最后通过求解联立方程来得出被测量的大小，这种方法用计算机求解比较方便。

2. 直读测量法与比较测量法

（1）直读测量法

它是直接从仪器仪表的刻度线或显示上读出测量结果的方法。例如，用电流表测量电流就是直读法，它具有简单方便等优点。

（2）比较测量法

这是一种在测量过程中，将被测量与标准量直接进行比较而获得测量结果的方法。电桥利用标准电阻（电容、电感）对被测量进行测量就是一个典型例子。

应当指出，直读测量与直接测量、比较测量与间接测量并不相同，二者互有交叉。例如，用电桥测电阻，是比较测量，属于直接测量；用电压、电流表法测量功率，是直读测量，但属于间接测量。

3. 按被测量性质分类

虽然被测量的种类很多，但根据其特点，大致可分为以下几类。

（1）频域测量

频域测量技术又称为正弦测量技术。测量参数多表现为频域的函数，而与时间因素无关。测量时，电路处于稳定工作状态，因此又叫稳定测量。

频域测量采用的信号是正弦信号，线性电路在正弦信号作用下，所有电压和电流都有相同的频率，仅幅度和相位有差别。利用这个特点，可以实现各种电量的测量，如放大器增益、相位差、输入阻抗和输出阻抗等。此外，还可以观察非线性失真。其缺点是不宜用于研究电路的瞬态特性。

（2）时域测量

时域测量技术与频域测量技术不同，它能观察电路的瞬变过程及其特性，如上升时间 t_r、平顶降落 δ、重复周期 T 和脉冲宽度 t_w 等。

时域测量技术采用的主要仪器是脉冲信号产生器和示波器。

（3）数域测量

数域测量是用逻辑分析仪对数字量进行测量的方法，它具有多个输入通道，可以同时观察许多单次并行数据。例如：微处理器地址线、数据线上的信号，可以显示时序波形，也可以用"1""0"显示其逻辑状态。

（4）噪声测量

噪声测量属于随机测量。在电子电路中，噪声与信号是相对存在的，不与信号大小相联系来讲噪声大小是无意义的。因此工程技术中常用噪声系数 F_N 来表示电路噪声大小，即

$$F_N = \frac{R_{SNRi}}{R_{SNRo}} = \frac{P_{Si}/P_{Ni}}{P_{So}/P_{No}} = \frac{1}{A_p} \times \frac{P_{No}}{P_{Ni}}$$

式中，R_{SNRi}、R_{SNRo} 表示电路的输入信噪比与输出信噪比；P_{Si}、P_{Ni} 表示电路输入端的信号功率与噪声功率；P_{So}、P_{No} 表示电路输出端的信号功率与噪声功率；$A_p = P_{So}/P_{Si}$ 表示电路对信号的功率增益。

若 $F_N = 1$，则说明该电路本身没有产生噪声。一般放大电路的噪声系数都大于1。放大电路产生的噪声越小，F_N 就越小，放大微弱信号的能力就越强。

测量方法还可以根据测量的方式分为：自动测量和非自动测量、原位测量和远距离测量等。

此外，在电子测量中，还经常用到各种变换技术，例如变频、分频、检波（如测量交流电压有效值的原理就是首先利用各种检波器将交流量变成直流量，然后再测量）、斩波、A-D、D-A 转换等，在此不详细讨论。

2.1.2 选择测量方法的原则

在选择测量方法时，应首先研究被测量本身的特性及所需要的精确程度、环境条件及所具有的测量设备等因素，综合考虑后再确定采用哪种方法和选择哪些测量设备。

一个正确的测量方法，可以得到好的结果，否则，不仅测量结果不可信，而且有可能损坏测量仪器、仪表和被测设备或元器件。

例如：如果用模拟万用表的 R×1 档测试半导体晶体管的发射结电阻或用晶体管图示仪显示其输入特性曲线时，由于限流电阻较小，而使晶体管基极电流过大，结果可能会使被测晶体管在测试过程中损坏。

2.2 电压测量

2.2.1 电压测量的特点

在电子测量领域中，电压是基本参数之一，许多电参数，如增益、频率特性、电流、功率、调幅度等都可视为电压的派生量。各种电路工作状态，如饱和、截止等，通常都以电压的形式反映出来。不少测量仪器也都用电压来表示。因此，电压的测量是许多电参数测量的基础。电压的测量对电子电路的调试是不可缺少的。电子电路中电压测量的特点如下。

1. 频率范围宽

电子电路中电压的频率可以从直流到数百兆赫范围内变化，对于甚低频或高频范围的电压测量，一般万用表是不能胜任的。

2. 电压范围宽

电子电路中，电压范围由微伏级到千伏以上高压，对于不同的电压档级必须采用不同的电压表进行测量。例如，用数字电压表，可测出 10^{-9} V 数量级的电压。

3. 存在非正弦量电压

被测信号除了正弦电压外，还有大量的非正弦电压。如果用普通仪表测量非正弦电压，将造成测量误差。

4. 交、直流电压并存

被测的电压中常常是交流与直流并存，甚至还夹杂有噪声干扰等成分。

5. 要求测量仪器有高输入阻抗

由于电子电路一般是高阻抗电路，为了使仪器对被测电路的影响足够小，要求测量仪器有较高的输入电阻。此外，在测量电压时，还应考虑输入电容的影响。

上述情况，如果测量精度要求不高，用示波器就可以解决。如果测量精度要求较高，则要全面考虑，选择合适的测量方法，合理选择测量仪器。

2.2.2 高内阻回路直流电压的测量

一般来说，任何一个被测电路都可以等效成一个电源电压 U_o 和一个阻抗 Z_o 串联，如图 2-1 所示。

设电路参数和电压表输入阻抗 Z_i 如图 2-1a 所示，则考虑电压表输入阻抗（即仪表内阻）的等效电路如图 2-1b 所示，由图可见，电压表的指示值 U_X 等于表内阻 $R_V(=Z_i)$ 与电路阻抗 $Z_o(=R_o)$ 对等效电源电压的分压，即

$$U_X = \frac{R_V}{R_V + R_o} \times U_o$$

绝对误差

$$\Delta U = U_X - U_o$$

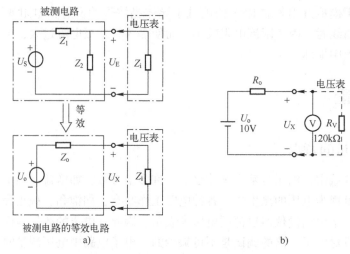

图 2-1　电压表输入阻抗对被测电路的影响

a）被测电路　b）考虑电压表输入阻抗后的等效电路

相对误差

$$\gamma = \frac{\Delta U}{U_o} = \frac{U_X - U_o}{U_o} = \frac{R_V}{R_o + R_V} - 1 = -\frac{R_o}{R_o + R_V}$$

因此，当表内阻与电路阻抗相等时可算出图 2-1b 所示的相对误差为 $-1/2$。

显然，要减小误差，就必须使电压表的输入电阻 R_V 远大于 R_o。

电子电路中，为了提高仪表输入电阻和有利于弱直流信号电压的测量，在电压表中常加入集成运算放大器构成集成运放型电压表，如果再加上场效应晶体管电路作输入级，则可构成一种高内阻电压表。

2.2.3　交流电压的测量

电子式交流电压表有模拟型和数字型两大类，此处仅讨论模拟型。

根据电子电路电压测量的特点，对仪器的输入阻抗、量程范围、频带和被测波形都有一定要求。

电子式交流电压表，一般为有效值刻度，而电表本身多为直流微安表，因此需要进行转换，电子式交流电压表的最基本结构形式有如下几种。

（1）检波放大式电压表

其电路组成结构如图 2-2 所示。由图可见，它是先将被测电压 U_X 通过检波（整流）变成直流电压，再将直流信号送入直流放大器放大并驱动微安表偏转。由于放大器放大的是直流电压，对放大器的频率响应要求低，测量电压的频率范围主要取决于检波电路的频率响应。

图 2-2　检波放大式电压表的组成结构

如果采用高频探头进行检波，其上限工作频率可达 1 GHz，通常所用的高频毫伏表即属于此类。

这种结构的主要缺点是，检波二极管导通时有一定起始电压（死区电压），使刻度呈非线性；此外，还存在输入阻抗低、直流放大器有零点漂移等缺点。因此，仪表的灵敏度不高，不适用于测量小信号。

（2）放大检波式电压表

放大检波式电压表的组成结构如图 2-3 所示。被测交流电压先经放大再检波，由检波后得到的直流电压驱动微安表偏转。

图 2-3　放大检波式电压表的组成结构

由于结构上采用先放大，就避免了检波电路在小信号时所造成的刻度非线性和直流放大器存在的零点漂移问题，灵敏度较高，输入阻抗也高些，缺点是测量电压的频率范围受放大器的频带限制。这种电压表的上限频率约为兆赫级，最小量程为毫伏级。

为了解决灵敏度和频率范围的矛盾，结构上还可以采取其他措施进行改进，例如采用调制式电压表和外差式电压表的结构，可以进一步使电压表上限频率提高、最小量程减小（例如可测微伏级）。

2.2.4　电压测量的数字化方法

数字化测量是将连续的模拟量变换成断续的数字量，然后进行编码、存储、显示及打印等。进行这种处理，较方便的测量仪器是数字电压表和数字式频率计。

数字式电压表的优点：

1）准确度高。利用数字式电压表进行测量，最高分辨力达到 $1\,\mu V$ 并不困难，这显然比模拟式仪表精度高很多。

2）数字显示、读取方便。完全消除了指针式仪表的视觉误差。

3）数字仪表内部有保护电路，过载能力强。

4）测量速度快、便于实现数字化。

5）输入阻抗高，对被测量电路的影响小，一般数字式电压表的 R_i 约为 $10\,M\Omega$，最高可达 $10^{10}\,\Omega$。

直流数字电压表的组成结构如图 2-4 所示。它由模拟、数字及显示三部分组成。输入电路由模拟电路构成；计数器及逻辑控制由数字电路构成；最后通过显示器（包括译码）显示被测电压的数值。图中 A-D 转换器用来实现将被测模拟量转换成数字量，从而达到模拟量的数字化测量，所以它是数字电压表的核心。

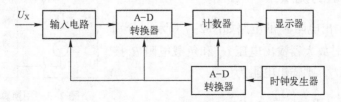

图 2-4　直流数字电压表的组成结构

各种数字电压表的区别主要是 A–D 转换方式不同。

2.3 阻抗测量

有源二端口网络也叫四端网络，在电子电路中是一类很重要的网络。我们常遇到的二端口网络其中一个为输入口，另一个为输出口。放大器、滤波器和变换器（变压器等）通常都是二端口网络。

下面简单介绍在低频条件下，有源二端口网络（如放大器）输入电阻 R_i 和输出电阻 R_o 的测量方法。

2.3.1 输入电阻的测量

这里主要介绍用替代法和换算法测量输入电阻 R_i。

1. 用替代法测输入电阻

电路如图 2-5 所示，图中 R_i 为二端口网络的等效输入电阻。U_S、R_S 分别为信号源电压和内阻。设开关 S 置点 c 时，测 a、b 两点电压为 U_i，将 S 置点 d 时，调节电阻 R 使 a、b 两点电压仍为 U_i 值，则 R 的值等于输入电阻的值。

2. 用换算法测输入电阻

此时，可用图 2-6 所示电路进行测量，设 R 的阻值为已知，只要分别用毫伏表测出点 a、c 和 b、d 间的电压 U_S 和 U_i，则输入电阻为

$$R_i = \frac{U_i}{U_S - U_i} R$$

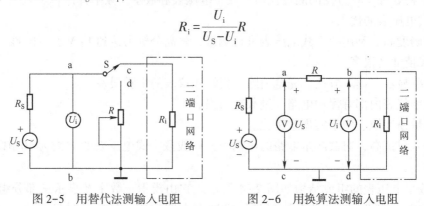

图 2-5　用替代法测输入电阻　　　图 2-6　用换算法测输入电阻

R 与 R_i 应选择为同一数量级，R 取值过大易引起干扰，取值过小则测量误差较大。

2.3.2 输出电阻的测量

常用的测量输出电阻 R_o 的电路如图 2-7 所示。分别测出负载 R_L 断开时放大器输出电压 U_{oo} 和负载电阻 R_L 接入时的输出电压 U_o，则输出电阻为

$$R_o = \left(\frac{U_{oo}}{U_o} - 1 \right) R_L$$

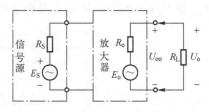

图 2-7　用换算法测输出电阻

2.4　增益及幅频特性测量

增益是网络传输特性的重要参数。一个有源二端口网络的电流、电压、功率增益（或放大系数）可用下式表示：

$$A_i = I_o / I_i$$
$$A_u = U_o / U_i$$
$$A_p = P_o / P_i = A_i A_u$$

在通信系统中，常用分贝（dB）表示增益，因此，上述各式可改写为

$$A_i(dB) = 20\lg \frac{I_o}{I_i}(dB)$$

$$A_u(dB) = 20\lg \frac{U_o}{U_i}(dB)$$

$$A_p(dB) = 20\lg \frac{P_o}{P_i}(dB)$$

二端口的幅频特性是一个与频率有关的量，所研究的是网络输出电压与输入电压的比值随频率变化的特性。

下面简单介绍两种测量幅频特性的方法。

2.4.1　逐点法

测试电路如图 2-8 所示。通常用示波器在输出端监视输出波形不能失真，改变输入信号频率，保持输入信号 U_i 等于常数，用毫伏表分别测出相应的输出电压 U_o 有效值，并计算电压增益 $A_u = U_o / U_i$，即可得到被测网络的幅频特性。用逐点法测出的幅频特性通常称为静态幅频特性。

2.4.2　扫频法

扫频法是用扫频仪测量二端口网络幅频特性的方法，是目前广泛应用的方法。其工作原理框图如图 2-9 所示。扫频仪将一个与扫描电压同步的调频（扫频）信号送入网络输入端口，并将网络输出端口电压检波后送示波管 Y 轴（偏转板），因此，在 Y 轴方向显示被测网络输出电压幅度；而示波管 X 轴方向即为频率轴，加到 X 轴偏转板上的电压应与扫频信号频率变化规律一致（注意：扫描电压发生器输出到 X 轴偏转板的电压正符合这一要求），这样示波管屏幕上才能显示出清晰的幅频特性曲线。

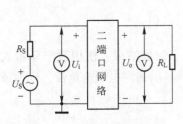

图 2-8　逐点法测幅频特性

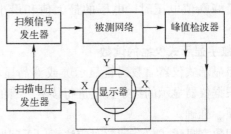

图 2-9　用扫频法测幅频特性工作原理框图

2.5 测量数据处理

2.5.1 测量数据的读取

在实验中，通过观察仪器、仪表得到的各种数据和波形，是分析总结实验结果的重要依据。直接观察仪器显示得到的数据称为原始数据，经过分析、计算、综合后，用来反映实验结果的数据称为结论数据。

电子仪器显示测试结果，有三种类型：指针指示、波形显示和数字显示。使用不同类型的仪器进行测试时，要应用正确的方法，以减小读数误差。

1. 指针指示式仪器数据的读取

读数时要确定表盘刻度线上各分度线所表示的刻度值，然后根据指针所处的位置进行读数。当指针停在刻度上两分度线之间时需要估读一个近似的读数，这个数即为欠准数字。

使用指针式仪表时，为减小读数误差需注意以下问题。

1）对一些可测试不同量程的多种电量的仪表（如万用表的刻度），读数时要正确地选用刻度线并确定其上各分度线所表示的刻度值，防止读错而造成较大的过失误差。

2）测量时，选择量程应尽量使指针指示停在刻度线的 2/3 以上部分，这样测量结果相对误差较小。

3）读数时，要掌握适当的视觉角度，即要求眼睛的视线垂直正对指针所在处的刻度盘表面，否则会引起视觉误差。

2. 波形显示式仪器的读数

波形显示式仪器（即各类示波器和图示仪）可将被测电量的波形直观地显示在荧光屏上，据此可读出被测电量的有关参数。

波形显示式仪器的读数方法是：先确定 X 轴、Y 轴方向每一坐标格所表示的电量数值，然后根据波形在 X 轴、Y 轴方向占有的格数进行读数（读数=每一格电量数值×总格数）。

使用波形显示式仪器时要注意以下问题。

1）要调整好仪器的"亮度"和"聚焦"，使显示出的波形细而清晰，波形大小要合适，以便准确读数。

2）读取数据时，应适当调整波形在 X 轴、Y 轴方向的位置，使读数点位于 X 轴（Y 轴）线上。因为 X 轴（Y 轴）线有小坐标，读取的数据较准确。

3）使用示波器测量电压幅度，一般先测电压的峰峰值，然后换算成最大值、有效值。因为测量峰峰值电压时，电压的最大值和最小值所在的位置最为明显，容易读数，误差较小。

3. 数字显示式仪器的读数

数字显示式仪器靠数码管显示屏或液晶显示屏直接显示测试结果。使用数字显示式仪器，可根据仪器显示的数字直接进行读数，有的仪器还可以显示被测电量的单位，因而读数更加方便、准确。

使用数字显示式仪器读数时应注意以下问题。

1）合理选用量程，尽可能多地显示几位有效数字，提高测试精度。

2）当测量较小电量时，因为仪器灵敏度较高，会使显示数字中最后一位数字不停地跳动，这位数字应作为欠准数字，读取数据时，可根据其跳动范围进行估读。例如，最后一位数在 3~7 之间跳动，可取最后这位欠准数字为 5。

2.5.2　测量数据的记录

1. 记录实验数据的基本要求

实验中正确地记录数据很重要。实验前应准备好记录数据的图表和记录波形的坐标纸；记录数据要认真，不应随意涂改。所有数字都应注明单位，必要时要记下测试条件。

2. 用有效数字表示数据

实验过程中测得的结果都是近似值，这些近似值通常用有效数字的形式来表示。对有效数字的正确表示，应注意以下几点。

1）有效数字是指从数据左边第一个非零数字开始，直到右边最后一个数字为止所包含的数字。右边最后一位数字通常是在测试时估读出来的，称它为"欠准"数字，其左边的各位有效数字都是准确数字。

2）如已知误差，则有效数字的位数应与误差相一致。例如，设仪表误差为 ±0.01 V，测得电压为 22.572 V，其结果应写作 22.57 V。

2.5.3　电子电路实验误差分析与数据处理注意事项

1）实验前应尽量做到"心中有数"，以便及时分析测量结果的可靠性。

2）在时间允许时，每个参量应多测几次，以便搞清实验过程中引入系统误差的因素，尽可能提高测量的准确度。

3）应注意测量仪器、元器件的误差范围对测量的影响，通常所读得的示值与测量值之间满足以下关系：

$$测量值 = 示值 + 误差$$

因此，测量前对测量仪器的误差及检定、校准和维护情况应有了解，在记录测量值时要注明有关误差，或决定测量值的有效位数。

第3章 常用电子元器件基础知识

常用电子元器件包括电阻、电容、电感、二极管、晶体管、场效应晶体管等半导体分立器件以及常用集成电路，它们是构成电子电路的基本部件。了解常用电子元器件的基础知识、学会识别和测量，是正确使用的基础，是组装、调试、维修电子电路必须具备的基本技能。

3.1 电阻、电容、电感元件

3.1.1 电阻器

电阻器是电子电路中使用最多的元件之一，主要用于控制和调节电路中的电流和电压，用作负载电阻和阻抗匹配等。

电阻器属于无源器件，种类繁多。按结构形式可分为固定电阻和可变电阻，固定电阻一般称为"电阻"，可变电阻常称作电位器，如图3-1所示。按材料可分为：碳膜电阻、金属膜电阻和线绕电阻等；按功率规格可分为：1/16W、1/8W、1/4W、1/2W、1W、2W、5W等；按误差范围可分为：精度为±5%、±10%、±20%等的普通电阻；精度为±0.1%、±0.2%、±0.5%、±1%、±2%等的精密电阻。电阻的类别可以通过外观的标记识别。

图3-1 电阻器的符号表示
a) 固定电阻 b) 电位器

1. 电阻器的型号命令方法

电阻器的型号命令方法根据《电子设备用固定电阻器、固定电容器型号命名方法》（GB/T 2470—1995），分为四个部分表示，见表3-1。

表3-1 电阻器的型号命名法

第1部分		第2部分		第3部分		第4部分
用字母表示主称		用字母表示材料		用数字或字母表示特征		用数字表示序号
符号	意义	符号	意义	符号	意义	
R W	电阻器 电位器	T P U C H I J Y S N X R G M	碳膜 硼碳膜 硅碳膜 沉积膜 合成膜 玻璃釉膜 金属膜（箔） 氧化膜 有机实心 无机实心 线绕 热敏 光敏 压敏	1, 2 3 4 5 7 8 9 G T X L W D	普通 超高频 高阻 高温 精密 电阻器—高压 电位器—特殊函数 特殊 高功率 可调 小型 测量用 微调 多圈	

示例：精密金属膜电阻器的命名为 R—J—7—3。

R	J	7	3
主称	材料	类别	序号
电阻器	金属膜	精密	3

2. 电阻器的标称阻值

电阻器的常用单位为欧姆（Ω）、千欧（kΩ）和兆欧（MΩ）。标称阻值是指在电阻的生产过程中，按一定的规格生产电阻系列，如表 3-2 所示，电阻值的标称值应为表中数字的 10^n，其中 n 为正整数、负整数或零，现在最常见的为 E24 系列，其精度为 ±5%。

表 3-2　电阻器（电位器）、电容器标称值系列

系　　列	允许误差	标　称　值
E24	Ⅰ级（±5%）	1.0 1.1 1.2 1.3 1.5 1.6 1.8 2.0 2.2 2.4 2.7 3.0 3.3 3.6 3.9 4.3 4.7 5.1 5.6 6.2 6.8 7.5 8.2 9.1
E12	Ⅱ级（±10%）	1.0 1.2 1.5 1.8 2.2 2.7 3.3 3.9 4.7 5.6 6.8 8.2
E6	Ⅲ级（±20%）	1.0 1.5 2.2 3.3 4.7 6.8

3. 电阻器的标识

电阻器的标称阻值和允许误差一般都标注在电阻体上，常见的标注方法有以下几种。

1）直标法：直接把电阻阻值和误差用数字或字母印在电阻上，如 75 kΩ±10%，100 Ω Ⅰ（Ⅰ 为误差 ±5%），有的没有印误差等级，则默认误差为 ±20%。

2）色标法：将不同颜色的色环涂在电阻体上来表示电阻的标称值及允许误差。色码电阻上各种颜色代表的阻值和误差如表 3-3 所示。

表 3-3　色标法中颜色符号意义

颜　色	有效数字	倍乘数	允许误差（%）	颜　色	有效数字	倍乘数	允许误差（%）
棕	1	10^1	±1	灰	8	10^8	—
红	2	10^2	±2	白	9	10^9	—
橙	3	10^3	—	黑	0	10^0	—
黄	4	10^4	—	金	—	10^{-1}	±5
绿	5	10^5	±0.5	银	—	10^{-2}	±10
蓝	6	10^6	±0.2	无色	—	—	±20
紫	7	10^7	±0.1				

色标法常见有四色环法和五色环法。四色环法一般用于普通电阻器标注，五色环法一般用于精密电阻器标注。色环标志读数识别规则如图 3-2 所示。

4. 电阻器的额定功率

电流流过电阻器时会使电阻器产生热量，在规定温度下，电阻器在电路中长期连续工作所允许消耗的最大功率称为额定功率。有两种标志方法：2 W 以上的电阻，直接用数字印在电阻体上；2 W 以下的电阻，以自身体积大小来表示功率，体积越大，额定功率越大。

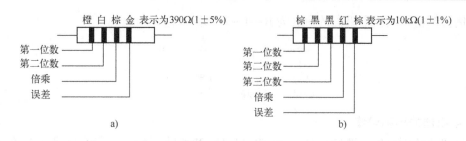

图 3-2　固定电阻色环标志读数识别规则

a）普通电阻　b）精密电阻

5. 电阻器的简单测试

测量电阻器的方法有很多，可用欧姆表、电阻电桥和数字欧姆表直接测量，也可根据欧姆定律 $R=U/I$，通过测量流过电阻的电流 I 及电阻上的电压 U 来间接测量电阻值。

6. 电位器

电位器是一种阻值可连续调整变化的可调电阻。电位器有三个引出端，一个为滑动端，另两个为固定端，滑动端运动使滑动端与固定端之间的阻值在标称电阻值范围内变化。

电位器种类很多，按电阻体所用的材料不同分为碳膜电位器、线绕电位器、金属膜电位器、碳质实芯电位器、有机实芯电位器和玻璃釉电位器等，常用的电位器有：碳膜电位器、线绕电位器、直滑式电位器、方形电位器等。

电位器的参数与电阻器相同，电位器参数变化规律有直线式、指数式和对数式三种。可以根据需要选用。

3.1.2　电容器

电容器是由两个相互靠近的金属导体的中间夹一层不导电的绝缘介质组成，它是一种储能元件，在电路中作隔绝直流、耦合交流、旁路交流等用。

电容器按不同的分类方法，可分为不同种类。如，按介质材料可分为瓷质、涤纶、电解、气体和液体电容器；按结构可分为固定电容器、可变电容器和半可变电容器，如图 3-3 所示，其中有 "+" 的为电解电容，它有极性。由于结构和材料的不同，电容器外形也有较大的区别。

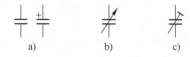

图 3-3　电容器的符号表示

a）固定电容　b）可变电容　c）半可变电容

1. 电容器型号命名方法

电容器的型号命令方法根据《电子设备用固定电阻器、固定电容器型号命名方法》（GB/T 2470—1995），分为四个部分表示，见表 3-4。

表 3-4　电容器型号命名方法

第 1 部分		第 2 部分		第 3 部分					第 4 部分
用字母表示主称		用字母表示材料		用数字或字母表示特征					用数字表示序号
符号	意义	符号	意义	符号	意　　义				
					瓷介	云母	有机介质	电解	
C	电容器	A	钽电解	1	圆形	非密封	金属箔非密封	箔式	
		B	非极性有机薄膜介质	2	管形	非密封	金属化非密封	箔式	
		C	1 类陶瓷介质	3	迭片	密封	金属箔密封	非固体烧结粉	
		D	铝电解	4	多层	独石	金属化密封	固体烧结粉	
		E	其他材料电解	5	穿心		穿心		
		G	合金电解	6	支柱式		交流	交流	
		H	复合介质	7	交流	标准	片式	无极性	
		I	玻璃釉介质	8	高压	高压	高压	高压	
		J	金属化纸介质	9			特殊	特殊	
		L	极性有机薄膜介质	G	高功率				
		N	铌电解						
		O	玻璃膜介质						
		Q	漆膜介质						
		S	3 类陶瓷介质						
		T	2 类陶瓷介质						
		V	云母纸介质						
		Y	云母介质						
		Z	纸介质						

2. 电容器的标称容量和容许误差

电容器的常用单位有法拉（F）、微法（μF）、纳法（nF）和皮法（pF），电容量单位换算关系为：$1F=10^6\,μF=10^9\,nF=10^{12}\,pF$。标称容量是标志在电容器上的电容量，我国固定电容器标称容量系列为 E24、E12 和 E6，如表 3-2 所示。不同材料制造的电容器其标称容量系列也不一样，高频瓷质和涤纶电容器的标称容量系列采用 E24 系列，而电解电容器标称容量系列采用 E6 系列。

电容器误差一般分为三级，即 I 级，±5%；II 级，±10%；III 级，±20%。电解电容的误差允许范围较宽，可达 -20% ~ +50%。

3. 电容器的标示方法

电容的容量，一般都标在电容器上，有的还标出误差和耐压。常见的表示法有如下几种。

（1）直标法

将标称容量及允许误差直接标注在电容体上。用直标法标注的容量，有时电容器上不标单位，其识读方法为：凡容量大于 1 的无极性电容器，其容量单位为 pF；凡容量小于 1 的电容器，其容量单位为 μF；凡有极性电容器，容量单位是 μF。

示例：2μ2—表示容量为 2.2 μF；　　　　　4n7—表示容量为 4.7 nF 或 4700 pF；

　　　0.01—表示容量为 0.01 μF；　　　　　3300—表示容量为 3300 pF。

示例：CJX—250—0.33—±10%

C	J	X	250	0.33	±10%
主称	材料	分类	耐压	标称容量	容许误差
电容器	金属化纸质	小型	250V	0.33μF	±10%

（2）数标法

用三位数字表示电容器容量大小，前两位为电容标称容量的有效数字，第三位数字表示有效数字后面零的个数，单位是 pF；但第三位数字是"9"时，有效数字应乘上 10^{-1}。

示例：103—表示容量 $10000\,pF=0.01\,\mu F$　　　　221—表示容量 $220\,pF$

339—表示容量 $33\times10^{-1}=3.3\,pF$

直标法和数标法对于初学者来讲，比较容易混淆，其区别方法为：一般来说直标法的第 3 位为 0，而数标法第 3 位不为 0。

（3）色标法

电容器色标法与电阻器色标法相同，标志颜色意义也与电阻器基本相同，可参见表 3-3，单位为 pF。

4. 电容器的额定工作电压

电容器额定工作电压是表示电容器接入电路后，能够长期可靠地工作，不被击穿所能承受的最大直流电压，又称耐压。电容器在使用时一般不能超过其耐压值，否则就会造成电容器损坏，严重时还会造成电容器爆炸。电容器耐压值一般都直接标注在电容器表面，常用电容器的耐压系列为：6.3 V、10 V、16 V、25 V、40 V、63 V、100 V、250 V、400 V 等。

3.1.3　电感器

电感器一般由线圈构成，故又称为电感线圈。电感器也是一种储能元件，在电路中有阻交流、通直流的作用，可以在交流电路中起阻流、降压、负载等作用，与电容器配合可用于调谐、振荡、耦合、滤波和分频等电路中。为了增加电感量，提高品质因数 Q，减小体积，线圈中常放置软磁材料制作的磁心。

根据结构，电感器可分为普通和带磁心电感器；根据电感器的电感量是否可调，电感器分为固定、可变电感器，它们的符号如图 3-4 所示。可变电感的电感量可利用磁心在线圈内移动而在较大的范围内调整。

图 3-4　电感器的符号

a）电感器线圈　b）带磁心电感器　c）带磁心可变电感器

1. 电感器的型号命令方法

它由四部分组成，各部分的含义如下：

第一部分为主称，常用 L 表示线圈，ZL 表示高频或低频扼流圈；

第二部分为特征，常用 G 表示高频；

第三部分为类型，常用 X 表示小型；

第四部分为区别代号。

示例：LGX 为小型高频电感线圈。

2. 电感量

电感量是表述载流线圈中磁通量大小与电流关系的物理量，其大小与线圈圈数、线圈线径、绕制方法以及磁心介质材料有关。电感量的常用单位为 H（亨利）、mH（毫亨）、μH（微亨）。

固定电感器的标称电感量可用直标法表示，也可用色标法表示。色环电感器电感量的大小一般用四色环标注法标注，与电阻器色标法和识读方法相似，参见表 3-3，其单位是 μH。电感器标称值系列一般按 E12 系列标注，参见表 3-2。

一般固定电感器误差为 Ⅰ 级、Ⅱ 级、Ⅲ 级，分别表示误差为 ±5%、±10%、±20%。精度要求较高的振荡线圈，其误差为 ±0.2% ~ ±0.5%。

3. 品质因数（Q 值）

品质因数是电感器的重要参数，通常称为 Q 值。Q 值的大小与绕制线圈所用导线线径粗细、绕法、股数以及线圈的匝数等因素有关。Q 值反映电感器传输能量的本领，Q 值越大，传输能量的本领越大，即损耗越小，质量越高，一般要求 $Q = 50 \sim 300$。

4. 额定电流

额定电流是电感线圈中允许通过的最大电流，额定电流大小与绕制线圈的线径粗细有关。国产色码电感器通常用在电感器上印刷字母的方法来表示最大直流工作电流，字母 A、B、C、D、E 分别表示最大工作电流为 50 mA、150 mA、300 mA、700 mA、1600 mA。

3.2　半导体分立器件型号命名法

常用电子器件型号命名法见表 3-5。

表 3-5　由第一部分到第五部分组成的器件型号的符号及其意义

第一部分		第二部分		第三部分		第四部分	第五部分
用阿拉伯数字表示器件的电极数目		用汉语拼音字母表示器件的材料和极性		用汉语拼音字母表示器件的类别		用阿拉伯数字表示登记顺序号	用汉语拼音字母表示规格号
符号	意义	符号	意义	符号	意义		
2	二极管	A B C D E	N 型，锗材料 P 型，锗材料 N 型，硅材料 P 型，硅材料 化合物或合金材料	N F X G 	噪声管 限幅管 低频小功率晶体管 （$f_a < 3\,\text{MHz}$，$P_c < 1\,\text{W}$） 高频小功率晶体管 （$f_a \geqslant 3\,\text{MHz}$，$P_c < 1\,\text{W}$）		
3	三极管	A B C D E	PNP 型，锗材料 NPN 型，锗材料 PNP 型，硅材料 NPN 型，硅材料 化合物或合金材料	D A T Y B J	低频大功率晶体管 （$f_a < 3\,\text{MHz}$，$P_c \geqslant 1\,\text{W}$） 高频大功率晶体管 （$f_a \geqslant 3\,\text{MHz}$，$P_c \geqslant 1\,\text{W}$） 闸流管 体效应管 雪崩管 阶跃恢复管		

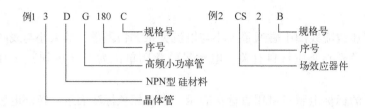

注：场效应器件、半导体特殊器件、复合管、PIN 管和激光器件的型号命名只有第三、四、五部分。

3.3　晶体二极管

3.3.1　晶体二极管的分类

晶体二极管又称为半导体二极管，简称二极管，是常用的半导体分立器件之一，内部构成本质上为一个 PN 结，P 端引出电极为正极，N 端引出电极为负极。主要特性为单向导电性，广泛应用于整流、稳压、检波、变容、显示等电子电路中。

普通二极管一般有玻璃和塑料两种封装形式，其外壳上均印有型号和标记，识别很简单：小功率二极管的负极（N 极），在二极管外表大多采用一道色环标识出来，也有采用符号标志为"P""N"来确定二极管的极性。发光二极管的正负极可从引脚长短来识别，长脚为正，短脚为负。

晶体二极管的种类很多，晶体二极管的分类见表 3-6。

表 3-6　晶体二极管分类表

二极管	按用途分	发光	二极管	按封装分	玻璃外壳（小型用）
		光电			金属外壳（大型用）
		变容			塑料外壳
		磁敏			环氧树脂外壳
		隧道		按材料分	锗材料
		检波			硅材料
		整流		按结构分	点接触型
		高压整流			
		硅堆			
		稳压			面接触型
		开关			

3.3.2　晶体二极管的主要技术参数

不同类型晶体二极管所对应的主要特性参数有所不同，具有一定普遍意义的特性参数有以下几个。

1. 额定正向工作电流

额定正向工作电流是指二极管长期连续工作时允许通过的最大正向电流值。因为电流通过二极管时会使管芯发热，温度上升，温度超过容许限度（硅管为 140℃左右，锗管为 90℃左右）时，就会使管芯发热而损坏。所以，二极管使用时不要超过额定正向工作电流。例如：常用的 1N4001—4007 型锗整流二极管的额定正向工作电流为 1 A。

2. 最高反向工作电压

加在二极管两端的反向电压高到一定值时，会将管子击穿，使其失去单向导电能力。为了保证使用安全，规定了最高反向工作电压值。例如：1N4001 二极管反向耐压为 50 V，1N4007 反向耐压为 1000 V。

3. 反向电流

反向电流指二极管在规定的温度和最高反向电压作用下，流过二极管的反向电流。反向电流越小，则二极管的单向导电性能越好。值得注意的是，反向电流与温度有着密切的关系，大约温度每升高 10℃，反向电流将增大 1 倍。硅二极管比锗二极管在高温下具有较好的稳定性。

3.3.3　常用晶体二极管

常用类型二极管所对应的电路图形符号如图 3-5 所示。

1. 整流二极管

整流二极管的作用是将交流电整流成直流电，它是利用二极管单向导电特性工作的。整流二极管正向工作电流较大，工艺上大多用面接触结构，其结电容较大，因此，整流二极管工作频率一般小于 3 kHz。

整流二极管主要有全封闭金属结构封装和塑料封装两种封装形式。通常额定正向工作电流在 1 A 以上的整流二极管采用金属封装，以利于散热；额定正向工作电流在 1 A 以下的采用全塑料封装，另外，由于工艺技术的不断提高，也有不少较大功率的整流二极管采用塑料封装，在使用中应加以区别。

整流电路通常为桥式整流电路，有将 4 个整流管封装在一起的元件，称为整流桥或整流全桥（简称全桥），如图 3-6 所示。

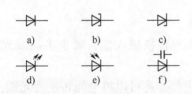

桥式整流电路　　　　　桥式整流电路简化图

图 3-5　常用类型二极管电路图形符号　　　　图 3-6　桥式整流电路
a) 普通二极管　b) 隧道二极管　c) 稳压二极管
d) 发光二极管　e) 光电二极管　f) 变容二极管

选用整流二极管时，主要应考虑其最大整流电流、最大反向工作电流、截止频率及反向恢复时间等参数。普通串联稳压电源电路中使用的整流二极管，对截止频率和反向恢复时间要求不高。开关稳压电源的整流电路及脉冲整流电路中使用的整流二极管，应选用工作频率高、反向恢复时间较短的整流二极管。

2. 检波二极管

检波二极管是利用 PN 结伏安特性的非线性特性把叠加在高频信号上的低频信号分离出

来的一种二极管。检波二极管要求正向电压降小、检波效率高、结电容小、频率特性好，其外形一般采用 EA 玻璃封装结构。一般检波二极管采用锗材料点接触型结构。

选用检波二极管时，应根据电路的具体要求选择工作频率高、反向电流小、正向电流足够大的检波二极管。

3. 稳压二极管

稳压二极管又称齐纳二极管，有玻璃封装、塑料封装和金属外壳封装三种。稳压二极管是利用 PN 结反向击穿时电压基本上不随电流变化的特点来达到稳压的目的。稳压二极管正常工作时工作于反向击穿状态，外电路要加合适的限流电阻，以防止烧毁管子。

稳压二极管是根据击穿电压来分档的，其稳压值就是击穿电压值。稳压二极管主要作为稳压器或电压基准元件使用，稳压管可以串联使用，其稳压值为各稳压管稳压值之和。稳压管不能并联使用，原因是每个管子的稳压值有差异，并联后通过每个管子的电流不同，个别管子会因过载而损坏。

选用稳压二极管时应满足应用电路中主要参数的要求。稳压二极管的稳压值应与应用电路的基准电压值相同，稳压二极管的最大稳定电流应高于应用电路的最大负载电流 50% 左右。

4. 变容二极管

变容二极管是利用反向偏压来改变二极管 PN 结电容量的特殊半导体器件。变容二极管相当于一个电压控制的容量可变的电容器，它的两个电极之间的 PN 结电容大小随加到变容二极管两端反向电压大小的改变而变化。变容二极管主要应用于电调谐、自动频率控制、稳频等电路中，作为一个可以通过电压控制的自动微调电容，起到改变电路频率特性的作用。

选用变容二极管时应考虑其工作频率、最高反向工作电压、最大正向电流和零偏压结电容等参数是否符合应用电路的要求，应选用结电容变化大、高 Q 值、反向漏电流小的变容二极管。

5. 光电二极管

光电二极管在光照射下其反向电流与光照度成正比，它常应用于光电转换及光控、测光等自动控制电路中。

6. 发光二极管

发光二极管（英文简称 LED）能把电能直接快速地转换成光能，属于主动发光器件。常用作显示、状态信息指示等。

发光二极管除了具有普通二极管的单向导电特性之外，还可以将电能转换为光能，给发光二极管外加正向电压时，它也处于导通状态，当正向电流流过管芯时，发光二极管就会发光，将电能转换成光能。

发光二极管的发光颜色主要由制作材料以及掺入杂质种类决定，目前常见的发光二极管发光颜色主要有蓝色、绿色、黄色、橙色、红色、白色等。其中白色发光二极管主要应用于手机背光灯、液晶显示器背光灯、照明等领域。

发光二极管的工作电流通常为 $2\sim25\,\mathrm{mA}$，其工作电流不能超过额定值太多，否则有烧毁的危险。故通常在发光二极管回路中需串联一个电阻，作为限流电阻 R，限流电阻的阻值可由公式算出：$R=(U-U_F)/I_F$，式中 U 是电源电压，U_F 是工作电压，I_F 是工作电流。

工作电压（即正向电压降）随着材料的不同而不同，普通绿色、黄色、红色、橙色发光二极管的工作电压约为 2 V，白色发光二极管的工作电压通常高于 2.4 V，蓝色发光二极管的工作电压通常高于 3.3 V。

红外发光二极管是一种特殊的发光二极管，其外形和发光二极管相似，只是它发出的是红外光，在正常情况下人眼是看不见的。其工作电压约为 1.4 V，工作电流一般小于 20 mA。

有些公司将两个不同颜色的发光二极管封装在一起，使之成为双色二极管（又名变色发光二极管），这种发光二极管通常有三个引脚，其中一个是公共脚，它可以发出三种颜色的光（其中一种是两种颜色的混合色），故通常作为不同工作状态的指示器件。

7. 双向触发二极管

双向触发二极管也称二端交流器件（DIAC）。它是一种硅双向触发开关器件，当双向触发二极管两端施加的电压超过其击穿电压时，两端即导通，导通将持续到电流中断或降到器件的最小保持电流才会再次关断。双向触发二极管常应用在过压保护电路、移相电路、晶闸管触发电路、定时电路中。双向触发二极管在常用的调光台灯中的应用电路如图 3-7 所示。

8. 其他特性二极管

1）肖特基二极管：肖特基二极管具有反向恢复时间很短、正向电压降较低的特性，可用于高频整流、检波、高速脉冲钳位等。

2）快速恢复二极管：快速恢复二极管正向电压降与普通二极管相近，但反向恢复时间短，耐压比肖特基二极管高得多，可用作中频整流元件。

3）开关二极管：开关二极管的反向恢复时间很短，主要用于开关脉冲电路和逻辑控制电路中。

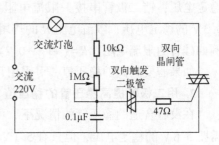

图 3-7　调光台灯电路

3.3.4　使用二极管注意事项

1. 普通二极管

1）在电路中应按注明的极性进行连接。

2）根据需要正确选择型号。同一型号的整流二极管可串联、并联使用。在串联、并联使用时，应视实际情况决定是否需要加入均衡（串联均压，并联均流）装置（或电阻）。

3）引出线的焊接或弯曲处，离管壳距离不得小于 10 mm。为防止因焊接时过热而损坏，要使用小于 60 W 的电烙铁，焊接时间要快（2~3 s）。

4）应避免靠近发热元件，并保证散热良好。工作在高频或脉冲电路的二极管，引线要尽量短。

5）对整流二极管，为保证其可靠工作，反向电压常降低 20% 使用。

6）切勿超过手册中规定的最大允许电流和电压值。

7）二极管的替换。硅管和锗管不能互相代用。二极管代换时，替换的二极管其最高反向工作电压和最大整流电流不应小于被替换管。根据工作特点，还应考虑其他特性，如截止频率、结电容、开关速度等。

2. 稳压二极管

1）可将任意稳压二极管串联使用，但不得并联使用。

2）工作过程中，所用稳压管的电流与功率不允许超过极限值。

3）稳压管接在电路中，应工作于反向击穿状态，即工作于稳压区。

4）稳压管的替换。必须使替换上去的稳压管的稳压电压额定值 U_Z 与原稳压管的值相同，而最大工作电流则要相等或更大。

3.3.5 二极管的变通运用

晶体二极管包括整流、检波、稳压、发光二极管等，它们除了正常功能外，还可以变通运用。这些变通运用方法，在应急或买不到合适器件的特殊情况下，是解决问题的有效方法。

1. 普通二极管作稳压管

利用普通二极管具有较稳定的正向电压降的特性，普通二极管（整流、检波或开关二极管）可以作为低电压的稳压二极管使用。如图 3-8 所示。

硅二极管串接一限流电阻后，正向接入电源与地之间，在二极管的正极可得到 0.7 V 的稳定电压；锗二极管串接一限流电阻后，正向接入电源与地之间，在二极管的正极可得到 0.3 V 的稳定电压；限流电阻 R 的作用是控制流过二极管的正向电流 I_{VD}，通常 I_{VD} 为数毫安，例如硅管的限流电阻：$R = (+V_{CC} - 0.7)/I_{VD}$。

如果需要较高的稳压值，可采用几个硅二极管正向串接。

2. 用二极管提高稳压管的稳压值

在没有合适的稳压管的情况下，可以用普通二极管来提高稳压二极管的稳压值。例如，需要 5.8 V 的稳定电压，但只有 5.1 V 的稳压二极管，则可在稳压二极管 VD_1 回路中正向串入一只硅二极管 VD_2，就可得到 +5.8 V 的稳定电压，如图 3-9 所示。R 为原稳压二极管 VD_1 的限流电阻，一般可不做调整。

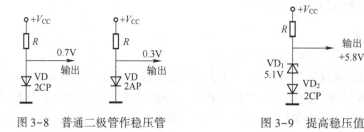

图 3-8 普通二极管作稳压管　　　　图 3-9 提高稳压值

3.4 晶体管

晶体管是电子电路中广泛应用的有源器件之一，在模拟电子电路中主要起放大作用，晶体管还能在开关、控制、振荡等电路中发挥作用。

3.4.1 晶体管的分类和图形符号

1. 晶体管的分类

晶体管的分类如表 3-7 所示。

表 3-7　晶体管分类表

晶体管	按导电类型分	NPN 晶体管	晶体管	按工艺方法和管芯结构分	合金晶体管（均匀基区晶体管）
		PNP 晶体管			
	按频率分	高频晶体管			合金扩散晶体管（缓变基区晶体管）
		低频晶体管			
	按功率分	小功率晶体管			台面晶体管（缓变基区晶体管）
		中功率晶体管			
		大功率晶体管			
	按电性能分	开关晶体管			平面晶体管、外延平面晶体管（缓变基区晶体管）
		高反压晶体管			
		低噪声晶体管			

2. 晶体管的图形符号和引脚排列

晶体管按内部半导体极性结构的不同，可分为 NPN 型和 PNP 型，这两类晶体管电路符号和引脚排列如图 3-10 所示。

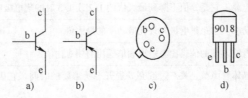

a)　　　　　b)　　　　　c)　　　　　d)

图 3-10　晶体管图形符号和小功率管引脚排列

a）NPN 管　b）PNP 管　c）金属封装　d）塑料封装

晶体管引脚排列因型号、封装形式与功能等的不同而有所区别，小功率晶体管的封装形式有金属封装和塑料外壳封装两种，大功率晶体管，外形一般分为"F"形和"G"形两种。

3.4.2　晶体管常用参数符号及其意义

晶体管常用参数符号及其意义见表 3-8。

表 3-8　晶体管常用参数符号及其意义

符　号	意　义
I_{CBO}	发射极开路，集电极与基极间的反向电流
I_{CEO}	基极开路，集电极与发射极间的反向电流（俗称穿透电流）。$I_{CEO} \approx \beta I_{CBO}$
U_{BES}	晶体管处于导通状态时，输入端 B、E 之间电压降大小
U_{CES}	在共发射极电路中，晶体管处于饱和状态时，C、E 端点间的输出电压降
r_{be}	输入电阻，r_{be} 是晶体管输出端交流短路即 $\Delta U_{CE} = 0$ 时 b、e 极间的电阻，$r_{be} = \dfrac{\Delta U_{be}}{\Delta I_{b}}$（$U_{CE}$ 常数），低频小功率管的 $r_{be} = 300\Omega + (1+\beta)\dfrac{26(\text{V})}{I_e(\text{mA})}$
h_{FE}	共发射极小信号直流电流放大系数：$h_{FE} = \dfrac{I_C}{I_B}$

（续）

符　号	意　义
β	共发射极小信号交流电流放大系数：$\beta = \dfrac{\Delta I_C}{\Delta I_B}$（$U_{CE}$＝常数）
α	共基极电流放大系数：$\alpha = \dfrac{I_C}{I_E}$
f_{β}	共发射极截止频率。晶体管共发应用时，其 β 值下降 70.7% 时所对应的频率
f_{α}	共基极截止频率。晶体管共基应用时，其 α 值下降 70.7% 时所对应的频率
f_T	特征频率。当晶体管共发应用时，其 β 下降为 1 时所对应的频率。它表征晶体管具备电流放大能力的极限
K_P	功率增益。晶体管输出功率与输入功率之比
f_{max}	最高振荡频率。它表示晶体管的功率增益 $K_P = 1$ 时所对应的工作频率。它表征晶体管具备功率放大能力的极限
U_{CBO}	发射极开路时集电极、基极间的击穿电压
U_{CEO}	基极开路时集电极、发射极间的击穿电压
I_{CM}	集电极最大允许电流。它是 β 值下降到最大值的 1/2 或 1/3 时的集电极电流
P_{CM}	集电极最大耗散功率。它是集电极允许耗散功率的最大值
N_F	噪声系数。晶体管输入端的信噪比与输出端信噪比的相对比值
t_{on}	开启时间。表示晶体管由截止关态过渡到导通开态所需要的时间。它由延迟时间和上升时间两部分组成。$t_{on} = t_d + t_r$
t_{off}	关闭时间。表示晶体管由导通开态过渡到截止关态所需要的时间。它由存储时间和下降时间两部分组成。$t_{off} = t_s + t_f$

3.4.3　使用晶体管注意事项

1）加到管子上的电压极性应正确。PNP 管的发射极对其他两电极是正电位，而 NPN 管则应是负电位。

2）不论是静态、动态或不稳定态（如电路开启、关闭时），均需防止电流、电压超出最大极限，也不得有两项以上参数同时达到极限。

3）选用晶体管主要应注意极性和下述参数：P_{CM}、I_{CM}、U_{CEO}、U_{EBO}、I_{CEO}、β、f_T 和 f_{β}。由于 $U_{CBO} > U_{CES} > U_{CER} > U_{CEO}$，因此只要 U_{CEO} 满足要求就可以了。一般高频工作时要求 $f_T = (5 \sim 10)f$，f 为工作频率。开关电路工作时则应考虑晶体管的开关参数。

4）晶体管的代换。只要管子的基本参数相同就能代换，性能高的可代换性能低的。对低频小功率管，任何型号的高、低频小功率管都可以代换它，但 f_T 不能太高。只要 f_T 符合要求，一般就可以代换高频小功率管，但应选取内反馈小的管子，$h_{FE} > 20$ 即可。对于低频大功率管，一般只要 P_{CM}、I_{CM}、U_{CEO} 符合要求即可，但应考虑 h_{FE}、U_{CES} 的影响。对电路中有特殊要求的参数（如 N_F、开关参数）应满足。此外，通常锗管和硅管不能互换。

5）工作于开关状态的晶体管，因 U_{CEO} 一般较低，所以应考虑是否要在基极回路加保护线路（如线圈两端并联续流二极管），以防线圈反电动势损坏管子。

6）管子应避免靠近发热元件，减小温度变化和保证管壳散热良好。功率放大管在耗散功率较大时应加散热片。管壳与散热片应紧贴固定。散热装置应垂直安装，以利于空气自然对流。

7）国产晶体管 β 值的大小通常采用色标法表示，即在晶体管顶面涂上不同的色点。各种颜色对应的 β 值见表 3-9。

表 3-9 部分国产晶体管用色点表示的 β 值

色点	棕	红	橙	黄	绿	蓝	紫	灰	白	黑
β	5~15	15~25	25~40	40~55	55~80	80~120	120~180	180~270	270~400	40 以上

3.5 场效应晶体管

场效应是指半导体材料的导电能力随电场改变而变化的现象。

场效应晶体管（Field Effect Transistor，FET）是当给晶体管加上一个变化的输入信号时，信号电压的改变使加在器件上的电场改变，从而改变器件的导电能力，使器件的输出电流随电场信号改变而改变。其特性与电子管很相似，同是电压控制器件。而电子管中的电子是在真空中运动完成导电任务；场效应晶体管是多数载流子（电子或空穴）在半导体材料中运动而实现导电的，参与导电的只有一种载流子，故又称其为单极型晶体管。场效应晶体管的内部基本构成也是 PN 结，是一种通过电场实现电压对电流控制的新型三端电子元器件，其外部电路特性与晶体管相似。

场效应晶体管的特点是：输入阻抗高，在线路上便于直接耦合；结构简单，便于设计，容易实现大规模集成；温度稳定性好，不存在电流集中的问题避免了二次击穿；是多子导电的单极器件，不存在少子存储效应，开关速度快、截止频率高、噪声系数低；其 I、U 成"平方律"关系，是良好的线性器件。因此，场效应晶体管用途广泛，可用于开关、阻抗匹配、微波放大、大规模集成等领域，构成交流放大器、有源滤波器、直流放大器、电压控制器、源极跟随器、斩波器、定时电路等。

3.5.1 场效应晶体管的分类和图形符号

1. 场效应晶体管的分类

（1）按内部构成特点分类

场效应晶体管按结构分为结型场效应晶体管（JFET）和绝缘栅型场效应晶体管（IG-FET），其中绝缘栅型场效应晶体管多采用以二氧化硅为绝缘层的 MOS 场效应晶体管（MOSFET）。

（2）按结构和材料分类

1）结型 FET（JFET）

① 硅 FET（SiFET）：分为单沟道、V 形槽、多沟道三类。

② 砷化镓 FET（GaAsFET）：分为扩散结、生长结、异质结三类。

2）肖特基栅 FET（MESFET）

① SiMESFET。

② GaSsMESFET：分为单栅、双栅、梳状栅三类。

③ 异质结 MESFET（InPMESFET）。

3）金属-氧化物-半导体 FET（MOSFET）

① SiMOSFET：分为 NMOS、PMOS、CMOS、DMOS、VMOS、SOS、SOI。

② GaAsMOSFET。

③ InPMOFET。

（3）按导电沟道分类

1）N 沟道 FET：沟道为 N 型半导体材料，导电载流子为电子的 FET。

2）P 沟道 FET：沟道为 P 型半导体材料，导电载流子为空穴的 FET。

（4）按工作状态分类

1）耗尽型（常开型）：当栅源电压为 0 时已经存在导电沟道的 FET。

2）增强型（常关型）：当栅源电压为 0 时，导电沟道夹断，当栅源电压为一定值时才能形成导电沟道的 FET。

结型场效应晶体管分为 N 沟道和 P 沟道两种类型。MOSFET 也有 N 沟道和 P 沟道两种类型，但每一类又分为增强型和耗尽型两种，因此 MOSFET 有四种具体类型：N 沟道增强型 MOSFET、N 沟道耗尽型 MOSFET、P 沟道增强型 MOSFET、P 沟道耗尽型 MOSFET。

2. 场效应晶体管的图形符号

结型场效应晶体管的图形符号如图 3-11 所示。MOSFET 的图形符号如图 3-12 所示。

图 3-11　结型场效应晶体管图形符号

a）N 沟道　b）P 沟道

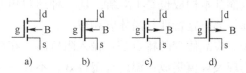

图 3-12　MOSFET 图形符号

a）N 沟道增强型 MOSFET　b）N 沟道耗尽型 MOSFET

c）P 沟道增强形 MOSFET　d）P 沟道耗尽型 MOSFET

3.5.2　场效应晶体管常用参数及其意义

场效应晶体管常用参数符号及其意义如表 3-10 所示。

表 3-10　场效应晶体管常用参数符号及其意义

参数名称	符号	意义
夹断电压	U_P	在规定的漏源电压下，使漏源电流下降到规定值（即使沟道夹断）时的栅源电压 U_GS。此定义适用于耗尽型 JFET MOSFET
开启电压（阈值电压）	U_T	在规定的漏源电压 U_DS 下，使漏源电流 I_DS 达到规定值（即发生反型沟道）时的栅源电压 U_GS。此定义适用于增强型 MOSFET
漏源饱和电流	I_DSS	栅源短路（$U_\mathrm{GS}=0$）、漏源电压足够大时，漏源电流几乎不随漏源电压变化，所对应漏源电流为漏源饱和电流，此定义适用于耗尽型
跨导	$g_\mathrm{m}(g_\mathrm{ms})$	漏源电压一定时，栅压变化量与由此而引起的漏电流变化量之比，它表征栅电压对漏电流的控制能力，单位是西门子（S） $$g_\mathrm{ms}=\frac{\Delta I_\mathrm{D}}{\Delta U_\mathrm{GS}}\bigg|U_\mathrm{DS}=常数$$

（续）

参数名称	符　号	意　义
截止频率	f_T	共源电路中，输出短路电流等于输入电流时的频率。与双极性结晶体管 f_T 很相似，也称作增益—带宽积。由于 g_m 与 C_{gs} 都随栅压变化，所以 f_T 亦随栅压改变而改变 $$f_T = \frac{g_m}{2\pi C_{gs}}$$　（式中 C_{gs} 为栅源电容）
漏源击穿电压	BV_{DS}	漏源电流开始急剧增加时所对应的漏源电压
栅源击穿电压	BV_{GS}	对于 JFET 是指栅源之间反向电流急剧增长时对应的栅源电压；对于 MOSFET 是使 SiO_2 绝缘层击穿导致栅源电流急剧增长时的栅源电压
直流输入电阻	r_{gs}	栅电压与栅电流之比。对于 JFET 是 PN 结的反向电阻；对于 MOSFET 是栅绝缘层的电阻

3.5.3　使用场效应晶体管的注意事项

1）为安全使用场效应晶体管，在电路设计中不能超过场效应晶体管的耗散功率、最大漏源电压、最大栅源电压和最大电流等参数的极限值。结型场效应晶体管的源极、漏极可以互换使用。

2）各类型场效应晶体管在使用时，应严格按要求的偏置接入电路中，要遵守场效应晶体管偏置的极性。如结型场效应晶体管栅源漏之间是 PN 结，N 沟道管栅极不能加正偏压；P 沟道管栅极不能加负偏压，等等。

3）MOSFET 由于输入阻抗极高，所以在运输、储存中必须将引出脚短路，要用金属屏蔽包装，以防止外来感应电动势将栅极击穿。尤其要注意，不能将 MOSFET 放入塑料盒子内，保存时最好放在金属盒内，同时也要注意场效应晶体管的防潮。

4）为了防止场效应晶体管栅极感应击穿，要求一切测试仪器、工作台、电烙铁、电路本身都必须有良好的接地；引脚在焊接时，先焊源极；在连入电路之前，场效应晶体管的全部引线端保持互相短接状态，焊接完后才把短接材料去掉；从元器件架上取下管子时，应以适当的方式确保人体接地，如采用接地环等；当然，如果能采用先进的气热型电烙铁，焊接场效应晶体管是比较方便的，并且能确保安全；在未关断电源时，绝对不可以把场效应晶体管插入电路或从电路中拔出。

5）在安装场效应晶体管时，注意安装的位置要尽量避免靠近发热元件；为了防止场效应晶体管件振动，有必要将管壳体紧固起来；引脚引线在弯曲时，应当在大于根部尺寸 5 mm 处进行，以防止弯断引脚和引起漏气等。对于功率型场效应晶体管，要有良好的散热条件。因为功率型场效应晶体管在高负荷条件下运用，必须设计足够的散热器，确保壳体温度不超过额定值，使场效应晶体管长期稳定可靠地工作。

3.6　半导体模拟集成电路

3.6.1　模拟集成电路基础知识

集成电路（Integrated Circuit，IC）按其功能可分为模拟集成电路和数字集成电路。模拟集成电路用来产生、放大和处理各种模拟信号。

模拟集成电路相对数字集成电路和分立元件电路而言具有以下特点。

1）电路处理的是连续变化的模拟量电信号，除输出级外，电路中的信号幅度值较小，集成电路内的器件大多工作在小信号状态。

2）信号的频率范围通常可以从直流一直延伸至高频段。

3）模拟集成电路在生产中采用多种工艺，其制造技术一般比数字电路复杂。

4）除了应用于低压电器中的电路，大多数模拟集成电路的电源电压较高。

5）模拟集成电路相比于分立元件电路具有内繁外简的电路特点，内部构成电路复杂，外部应用方便，外接电路元件少，电路功能更加完善。

模拟集成电路按其功能可分为线性、非线性和功率集成电路。线性集成电路包括运算放大器、直流放大器、音频电压放大器、中频放大器、高频（宽频）放大器、稳压器、专用集成电路等；非线性集成电路包括电压比较器、A-D 转换器、D-A 转换器、读出放大器、调制解调器、变频器、信号发生器等；功率集成电路包括音频功率放大器、射频发射电路、功率开关、变换器、伺服放大器等。上述模拟集成电路的上限频率最高均在 300 MHz 以下，300 MHz 以上的称为微波集成电路。

3.6.2　集成运算放大器

1. 集成运放简介

集成运算放大器简称集成运放，实质上是一种集成化的直接耦合式高放大系数的多级放大器。它是模拟集成电路中发展最快、通用性最强的一类集成电路，广泛用于模拟电子电路各个领域。目前除了高频和大功率电路，凡是由晶体管组成的线性电路和部分非线性电路都可由以集成运放为基础的电路来组成。

图 3-13 为集成运放电路传统符号，它有两个输入端，一个输出端，"−"号端为反向输入端，表示输出信号 $U_。$ 与输入信号 U_- 的相位相反；"+"号端为同相输入端，表示输出信号 $U_。$ 与输入信号 U_+ 的相位相同。运放通常还有电源端、外接调零端、相位补偿端、公共接地端等。集成运放的外形有圆壳式、双列直插式、扁平式、贴片式四种。

各种集成运放内部电路主要由四部分组成，如图 3-14 所示。

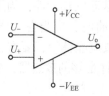

图 3-13　集成运放传统符号

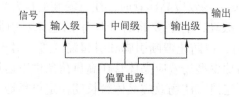

图 3-14　集成运放内部电路组成框图

当在集成运放的输入与输出端之间接入不同的负反馈网络时，可以完成模拟信号的运算、处理、波形产生等不同功能。

2. 集成运放常用参数

集成运放的参数是衡量其性能优劣的标志，同时也是电路设计者选用集成运放的依据。

集成运放的常用参数如表 3-11 所示。

表 3-11　集成运放的常用参数及其意义

参数名称	符号	意义
输入失调电压	U_{IO}	输出直流电压为零时，两输入端之间所加补偿电压
输入失调电流	I_{IO}	当输出电压为零时，两输入端偏置电流的差值
输入偏置电流	I_{IB}	输出直流电压为零时，两输入端偏置电流的平均值
开环电压增益	A_{VD}	运放工作于线性区时，其输出电压变化 ΔU_o 与差模输入电压变化 ΔU_i 的比值
共模抑制比	K_{CMR}	运放工作于线性区时，其差模电压增益与共模电压增益的比值
电源电压抑制比	K_{SVR}	运放工作于线性区时，输入失调电压随电压改变的变化率
共模输入电压范围	V_{ICR}	当共模输入电压增大到使运放的共模抑制比下降到正常情况的一半时所对应的共模电压值
最大差模输入电压	V_{IDM}	运放两输入所允许加的最大电压差
最大共模输入电压	V_{ICM}	运放的共模抑制特性显著变化时的共模输入电压
输出阻抗	Z_o	当运放工作于线性区时，在其输出端加信号电压，信号电压的变化量与对应的电流变化量之比
静态功耗	P_D	在运放的输入端无信号输入，输出端不接负载的情况下所消耗的直流功率

几种常用集成运放的电参数如表 3-12 所示，其引脚图如图 3-15 所示。

表 3-12　几种常用集成运放的电参数

参数名称	单位	参数值			
		μA741	LM324N	LM358N	LM353N
电源电压	V	±22	3~30	3~30	3~30
电源消耗电流	mA	2.8	3	2	6.5
温度漂移	μV/℃	10	7	7	10
失调电压	mV	5	7	7.5	13
失调电流	nA	200	50	150	4
偏置电流	nA	500	250	500	8
输出电压	V	±10	26	26	24
单位增益带宽	MHz	1	1	1	4
开环增益	dB	86	88	88	88
转换速率	V/μS	0.5	0.3	0.3	13
共模电压范围	V	±24	32	32	22
共模抑制比	dB	70	65	70	70

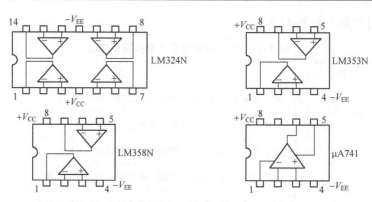

图 3-15　几种常用集成运放外引脚图

集成运放常用引出端功能符号如表 3-13 所示。

表 3-13　集成运放常用引出端功能

符　号	功　能	符　号	功　能
AZ	自动调零	IN_	反向输入
BI	偏置	NC	空端
BOOSTER	负载能力扩展	OA	调零
BW	带宽控制	OUT	输出
COMP	相位补偿	OSC	振荡信号
C_X	外接电容	S	选编
DR	比例分频	V_{CC}	正电源
GND	接地	V_{EE}	负电源
IN_+	同相输入	—	—

3. 集成运放应用时注意事项

选择集成运放的依据是电子电路对集成运放的技术性能要求，使用者掌握运放参数分类、参数含义以及规范值，是正确选用运放的基础。选用的原则是：在满足电气性能要求的前提下，尽量选用价格低的运放。

使用时不应超过运放的极限参数，还要注意调零，必要时要加输入/输出保护电路、消除自激振荡措施等，同时尽可能提高输入阻抗。

运放电源电压典型使用值是±15 V，双电源要求对称，否则会使失调电压加大，共模抑制比变差，影响电路性能。当采用单电源供电时，应参阅生产厂商的芯片手册。

3.6.3　集成稳压器

随着集成电路的发展，稳压电路也制成了集成稳压器件。由于集成稳压器具有体积小、外接线路简单、使用方便、工作可靠和通用性广等优点，因此在各种电子设备中应用十分普遍，基本上取代了由分立元件构成的稳压电路。

集成稳压器件的种类很多，应根据设备对直流电源的要求进行选择。对于大多数电子仪器、设备和电子电路来说，通常是选用串联线性集成稳压器，而在这种类型的器件中，又以三端式稳压器应用最为广泛。目前常用的三端集成稳压器是一种固定或可调输出电压的稳压器件，并有过电流和过热保护。

1. 集成稳压器的基本工作原理

稳压器由取样、基准、比较放大和调整元件几部分组成。工作过程为：取样部分把输出电压变化全部或部分取出来，送到比较放大器与基准电压相比较，并把比较误差电压放大，用来控制调整元件，使之产生相反的变化来抵消输出电压的变化，从而达到稳定输出电压的目的。

串联调整式稳压器基本电路框图如图 3-16 所示。

当输入电压 U_i 或者负载电流 I_L 的变化引起输出电压 U_o 变化时，通过取样、误差比较放大，使调整器的等效电阻 R_S 做相应的变化，维持 U_o 稳定。

图 3-17 为最简单的分立元件组成的串联调整稳压器电路图，显然，它的框图就是图 3-16 的形式。

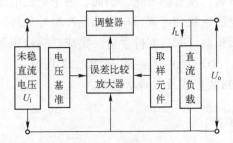

图 3-16　串联调整式稳压器基本电路框图

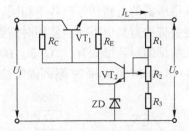

图 3-17　最简串联调整稳压器电路

对集成串联调整式稳压器来说，除了基本的稳压电路之外，还必须有多种保护电路，通常应当有过电流保护电路、调整管安全区保护电路和芯片过热保护电路。其中，过电流保护电路在输出短路时起限流保护作用；调整管安全区保护电路则使调整管的工作点限定在安全工作区的曲线范围内，芯片过热保护电路使芯片温度限制在最高允许温度之下。

2. 集成稳压器使用常识

（1）集成稳压器的选择

选择集成稳压器的依据是使用中的指标要求，例如：输出电压、输出电流、电压调整率、电流调整率、纹波抑制比、输出阻抗及功耗等参数。

集成三端稳压器主要有：固定式正电压 78 系列、固定式负电压 79 系列、可调式正电压集成稳压器 117/217/317 系列以及可调式负电压集成稳压器 137/237/337 系列。

表 3-14 为 CW78×× 系列、CW79×× 系列部分电参数。

表 3-14　CW78××系列、CW79××系列部分电参数

参 数 名 称	CW7805C			CW7812C			CW7815C		
	最小	典型	最大	最小	典型	最大	最小	典型	最大
输入电压 U_i/V		10			19			23	
输出电压 U_o/V	4.75	5.0	5.25	11.4	12.0	12.5	14.4	15.0	15.6
电压调整率 S_u/mV	—	3.0	100	—	18	240	—	11	300

（续）

参数名称	CW7805C			CW7812C			CW7815C		
	最小	典型	最大	最小	典型	最大	最小	典型	最大
电流调整率 S_i/mV	—	15	100	—	12	240	—	12	300
静态工作电流 I_D/mA	—	4.2	8.0	—	4.3	8.0	—	4.4	8.0
纹波抑制比 S_{nip}/dB	62	78	—	55	71	—	54	70	—
最小输入输出压差 $U_i - U_o$/V	—	2.0	2.5	—	2.0	2.5	—	2.0	2.5
最大输出电流 I_{omax}/A	—	2.2	—	—	2.2	—	—	2.2	—

CW79×× 系列的电参数与表 3-14 基本相同，只是输入、输出电压为负值。

（2）集成稳压器的封装形式

由于模拟集成电路品种目前还没有统一命名，没有标准化，因而，各个集成电路生产厂家的集成稳压器的电路代号也各不相同。固定稳压块和可调稳压块的品种型号和外形结构很多，功能引脚的定义也不同。使用时需要查阅相应厂家的器件手册。集成三端稳压器固定式和可调式常见的封装形式有：TO-3、TO-202、TO-220、TO-39 和 TO-92 几种。

图 3-18 为 78 系列和 79 系列固定稳压器封装形式及引脚功能图。

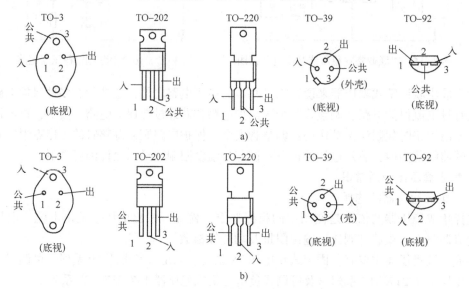

图 3-18　78 系列和 79 系列固定稳压器封装形式及引脚功能
a）78 系列封装引脚　b）79 系列封装引脚

3. 集成稳压器电压和电流的扩展

（1）输入电压的扩展

在实际使用中，所需的电压和电流如果超过所选用的集成稳压器的电压和电流限度，可以进行电压和电流的扩展。

集成稳压器通常有一个最大输入电压的极限参数，如果整流滤波后所得到的直流电压大于这个参数，就应扩展集成稳压器的输入电压。

通常可采用如图 3-19 所示的方法来提高输入电压。

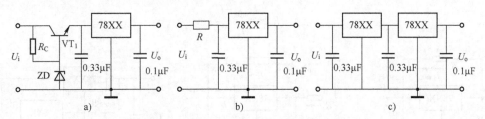

图 3-19　集成稳压器输入电压扩展方法

1) 稳压管和晶体管降压法。如图 3-19a 所示，利用稳压管稳压值和晶体管的 U_{be} 作为集成稳压器的输入电压。

2) 输入电阻降压法。如图 3-19b 所示，该方法要求集成稳压器能够承受足够高的瞬时过电压，且不允许轻载或空载。

3) 多级集成稳压器级联降压法。如图 3-19c 所示，该方法效果好，但成本高。

（2）输出电压的扩展

通常可采用如图 3-20 所示的方法扩展输出电压。

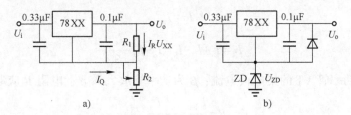

图 3-20　集成稳压器输出电压扩展方法

1) 固定式集成稳压器的输出电压可调法。如图 3-20a 所示，改变 R_2 可以调节输出电压，由于

$$U_o = I_R(R_1 + R_2) + I_Q R_2$$

$$I_R = \frac{U_{XX}}{R_1}$$

所以

$$U_o = U_{XX}\left(1 + \frac{R_2}{R_1}\right) + I_Q R_2$$

式中，I_Q 为集成稳压器的静态电流；U_{XX} 为集成稳压器的标称输出电压值。

2) 升高输出电压法。如图 3-20b 所示，输出电压为集成稳压器的标称输出电压与稳压二极管 ZD 的稳定电压之和，即

$$U_o = U_{XX} + U_{ZD}$$

（3）输出电流的扩展

三端稳压器的品种中，单片的输出电流有：0.1 A、0.5 A、1.5 A、3 A、5 A、10 A 多种。因此，输出电流在 10 A 以内时，一般不需扩展电流，也有为了降低成本，而采取扩展电流的方法。扩展电流有如图 3-21 所示的几种方法。

1) 并联电阻扩展法

如图 3-21a 所示，扩流电阻与集成稳压器的输入、输出端并联，此方法要求负载有最

小的电流值 I_{Lmin}，则可确定电阻值，即

$$R \geqslant \frac{U_{\text{imax}} - U_{\text{o}}}{I_{\text{Lmin}}}$$

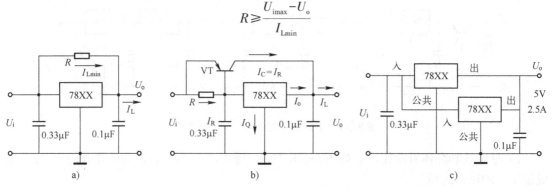

图 3-21　集成稳压器输出电流扩展方法

2）接入功率管扩流法

如图 3-21b 所示，三端稳压器中，调整管的发射极不能直接引出，因此不能采用复合管的方式来扩流。若集成稳压器的输出电流为 I_{o}，静态电流为 I_{Q}，需要扩展的电流为 I_{R}（即负载电流 $I_{\text{L}} = I_{\text{o}} + I_{\text{R}}$）则应有

$$I_{\text{C}} = I_{\text{R}}$$

$$I_{\text{R}} = I_{\text{o}} + I_{\text{Q}} - I_{\text{b}} = I_{\text{o}} + I_{\text{Q}} - \frac{I_{\text{C}}}{\beta}$$

式中，I_{C} 为外接功率管 VT 的集电极电流；β 为功率管放大系数；电阻 R 应取

$$R = \frac{U_{\text{be}}}{I_{\text{R}}} = \frac{U_{\text{be}}}{I_{\text{o}} + I_{\text{Q}} - \dfrac{I_{\text{R}}}{\beta}}$$

3）多片集成稳压器并联扩流法

如图 3-21c 所示，以 7805 为例，每一片集成稳压器的最大电流为 1.5 A，则两片集成稳压器并联，可以使最大输出电流增大近一倍（可达到两片集成稳压器输出电流之和的约 85%）。但是两片集成稳压器并联必须满足以下条件。

① 两集成稳压器的输出电压的偏差小于 30~40 mV。

② 两集成稳压器的负载调整率 S_{r} 的偏差小于 15%。

③ 两集成稳压器的输出电压温度系数 S_{T} 的偏差应小于 15%。

4. 集成稳压器保护电路

在大多数线性集成稳压器中，一般在芯片内部都设置了输出短路保护、调整管安全工作区保护及芯片过热保护等功能，因而在使用时不需再设置这类保护。但是，在某些应用中，为确保集成稳压器可靠工作，仍要设置一些特定的保护电路。

（1）调整管的反偏保护

如图 3-22a 所示，当稳压器输出端接入了容量较大的电容 C 或者负载为容性时，若稳压器的输入端对地发生短路，或者当输入直流电压比输出电压跌落得更快时，由于电容 C 上的电压没有立即泄放，此时集成稳压器内部调整管的 B-E 结处于反向偏置，如果这一反偏电压超过 7 V，调整管 B-E 结将会击穿损坏。电路中接入的二极管 VD 就是为保护调整管 B-E 结不致

因反偏击穿而设置的。因为接入 VD 后，C 上的电荷可以通过 VD 及短路的输入端放电。

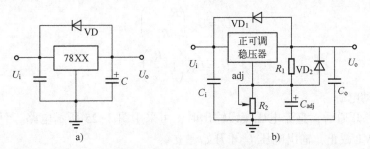

图 3-22　集成稳压器保护电路

a）集成稳压器中调整管的反偏保护　b）集成稳压器中放大管的反偏保护

（2）集成稳压器中放大管的反偏保护

如图 3-22b 所示，电容 C_{adj} 是为了改善输出纹波抑制比而设置的，容量在 10 μF 以上，C_{adj} 的上端接 adj 端，此端接到集成稳压器内部一放大管的发射极，该放大管的基极接 U_o 端。如果不接入二极管 VD_2，则在稳压器的输出端对地发生短路时，由于 C_{adj} 不能立即放电而使集成稳压器内部放大管的 B-E 结处于反偏，也会引起击穿。设置二极管 VD_2 后，可以使集成稳压器内部放大管的 B-E 结得到保护。

5. 集成稳压器的功能扩展

集成稳压器的功能经扩展后具有以下功能。

（1）遥控开关

图 3-23a、b 所示是电源的遥控开关电路，利用数字信号即可控制。

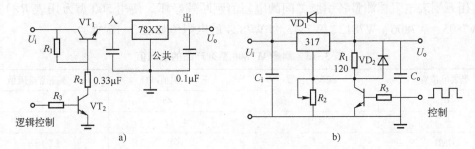

图 3-23　电源的遥控开关电路

（2）光控开关

光控电源电路如图 3-24 所示。

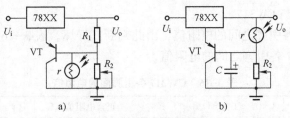

图 3-24　光控电源电路

a）光照降压　b）光照升压

其输出电压为

$$U_o = U_{XX}\left(\frac{R_2//r}{R_1}\right)$$

$$U_o = U_{XX}\left(1+\frac{R_2}{r}\right)$$

（3）慢启动电源

当要求电源开通后，直流电压缓慢输出时，可采用图 3-25 所示电路。只有等电容 C 充电到使晶体管 VT 截止，输出电压 U_o 才开始建立。

（4）程控电源

图 3-26 所示是程控电源的原理电路。用数字量 A、B、C、D 控制晶体管 $VT_1 \sim VT_4$，可以改变输出电压 U_o 的大小。

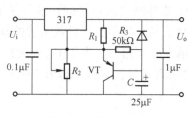

图 3-25　慢启动电源

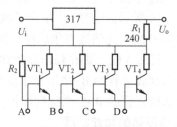

图 3-26　程控电源

6. 用万用表测试常用集成稳压器

（1）用万用表测试 W7800 系列稳压器

可用万用表电阻档测量各引脚之间的电阻值判断其好坏。使用 500 型万用表 $R \times 1\,k\Omega$ 档测量 W7805、W7806、W7812、W7815 和 W7824 的电阻值如表 3-15 所示。

表 3-15　测量 W7800 系列产品的电阻值

黑表笔位置	红表笔位置	正常电阻值/kΩ	不正常电阻值
U_i	GND	15~45	—
U_o	GND	4~12	—
GND	U_i	4~6	0 或 ∞
GND	U_o	4~7	—
U_i	U_o	30~50	—
U_o	U_i	4.5~5.5	—

（2）用万用表检测 CW317

可用万用表测量各引脚之间的电阻值，由此判断其好坏。表 3-16 列出用 500 型万用表 $R \times 1\,k\Omega$ 档测量 CW317 各引脚之间的电阻值。

表 3-16　CW317 各引脚间的电阻值

黑表笔位置	红表笔位置	正常电阻值/kΩ	不正常电阻值
U_i	GND	150	—
U_o	GND	28	—

（续）

黑表笔位置	红表笔位置	正常电阻值/kΩ	不正常电阻值
GND	U_i	24	0 或 ∞
GND	U_o	500	—
U_i	U_o	7	—
U_o	U_i	4	—

3.6.4　集成功率放大器

1. 集成功放概述

在实用电路中，通常要求放大电路的输出级能够输出一定的功率，以驱动负载。能够向负载提供足够信号功率的电路称为功率放大电路，简称功放。集成功放广泛应用于电子设备、音响设备、通信和自动控制系统中。总之，扬声器前面必须有功放电路。一些测控系统中的控制电路部分也必须有功放电路。

集成功放的应用电路由集成功放块和一些外部阻容元件构成。

集成功放与分立元件功放相比具有以下优点：体积小、重量轻、成本低、外接元件少、调试简单、使用方便；性能优越，如温度稳定性好、功耗低、电源利用率高、失真小；可靠性高，有的采用了过电流、过电压、过热保护、防交流声、软启动等技术。

集成功放的主要缺点是：输出功率受限制，过载能力较分立元件的功放电路差，原因是集成功放增益较大，易产生自激振荡，其后果轻则使功放管损耗增加，重则会烧毁功放管。

2. 集成功放的类型

集成功放普遍采用 OTL 或 OCL 电路形式。集成功放品种较多，有单片集成功放组件，有集成功率驱动器外接大功率管组成的混合功率放大电路，输出功率从几十毫瓦到几百瓦。目前可制成输出功率 1000 W、电流 300 A 的厚膜音频功放电路。

根据集成功放内部构成和工作原理的不同，有 3 种常见类型：OTL（无输出变压器）功率放大电路、OCL（无输出电容）功率放大电路、BTL 功率放大电路（即桥式推挽功率放大电路），各类型电路均有各种不同输出功率和不同电压增益的集成电路。在使用 OTL 电路时应特别注意与负载电路之间要接一个大电容。

3. 集成功放的主要参数

（1）最大输出功率 P_{om}

最大输出功率是指功放电路在输入信号为正弦波，并且输出波形不失真的状态下，负载电路可获得的最大交流功率。数值上等于在电路最大不失真状态下的输出电压有效值与输出电流有效值的乘积，即

$$P_{omax} = U_{om} \times I_o$$

（2）转换效率 η

电路最大输出功率与直流电源提供的直流功率之比，即

$$\eta = \frac{P_{om}}{P_E}$$

式中，P_E 为功放电路电源提供的直流功率，$P_E = I_{CC} \times V_{CC}$。

3.6.5 集成器件的测试

要对集成电路做出正确判断，首先要掌握该集成电路的用途、内部结构原理、主要电特性等，必要时还要分析内部电路原理图。此外，如果具有各引脚对地直流电压、波形、对地正反向直流电阻值，则对正确判断提供了有利条件。然后按故障现象判断其部位，再按部位查找故障元件。有时需要多种判断方法去证明该器件是否确属损坏。一般对集成电路的检查判断方法有以下两种。

1. 离线判断

离线判断即不在线判断，是指集成电路未焊入印制电路板时的判断。这种方法在没有专用仪器设备的情况下，要确定该集成电路的质量好坏是很困难的，一般情况下可用直流电阻法测量各引脚对应于接地脚间的正反向电阻值，并和完好集成电路进行比较，也可以采用替换法把可疑的集成电路插到正常设备同型号集成电路的位置上来确定其好坏。如有条件，可利用集成电路测试仪对主要参数进行定量检验，这样使用就更有保证。

2. 在线判断

在线判断是指集成电路连接在印制电路板上时的判断。在线判断是检修集成电路在电视、音响、录像设备中最实用的方法，具体方法如下。

（1）电压测量法

这一方法主要是测出各引脚对地的直流工作电压值，然后与标称值相比较，依此来判断集成电路的好坏。用电压测量法来判断集成电路的好坏是检修中最常采用的方法之一，但要注意区别非故障性的电压误差。测量集成电路各引脚的直流工作电压时，如遇到个别引脚的电压与原理图或维修技术资料中所标电压值不符，不要急于断定集成电路已损坏，应该先排除以下几个因素后再确定。

1）所提供的标称电压是否可靠，因为有一些说明书、原理图等资料上所标的数值与实际电压有较大差别，有时甚至是错误的。此时，应多找一些有关资料进行对照，必要时分析内部原理图与外围电路再进行理论上的计算或估算来证明电压是否有误。

2）要区别所提供的标称电压的性质，其电压是属于哪种工作状态的电压。因为集成块的个别引脚随着注入信号的不同而明显变化，所以此时可改变波段或录放开关的位置，再观察电压是否正常。若后者为正常，则说明标称电压属于某种工作电压，而这一工作电压又是指在某一特定的条件下而言，即测试的工作状态不同，所测电压也不一样。

3）要注意由于外围电路可变元件引起的引脚电压变化。当测量出的电压与标称电压不符时可能因为个别引脚或与该引脚相关的外围电路，连接的是一个阻值可变的电位器或者是开关。这些电位器和开关所处的位置不同，引脚电压会有明显不同，所以当出现某一引脚电压不符时，要考虑引脚或与该引脚相关联的电位器和开关的位置变化，可旋动或拨动开头看引脚电压能否在标称值附近。

4）要防止由于测量造成的误差。由于万用表表头内阻不同或不同直流电压档会造成误差，一般原理上所标的直流电压都是以测试仪表的内阻大于 $20\,\mathrm{k\Omega/V}$ 进行测试的。内阻小于 $20\,\mathrm{k\Omega/V}$ 的万用表进行测试时，将会使被测结果低于原来所标的电压。另外，还应注意不同电压档上所测的电压会有差别，尤其用大量程档，读数偏差影响更显著。

5）当测得某一引脚电压与正常值不符时，应根据该引脚电压对集成电路正常工作有无重要影响以及其他引脚电压的相应变化进行分析，才能判断集成电路的好坏。

6）若集成电路各引脚电压正常，则一般认为集成电路正常；若集成电路部分引脚电压异常，则应从偏离正常值最大处入手，检查外围元件有无故障，若无故障，则集成电路很可能损坏。

7）对于动态接收装置，如电视机，在有无信号时，集成电路各引脚电压是不同的。如发现引脚电压不该变化的反而变化大，应该随信号大小和可调元件不同位置而变化的反而不变化，就可确定集成电路损坏。

8）对于多种工作方式的装置，如录像机，在不同工作方式下，集成电路各引脚电压是不同的。

以上几点就是在集成块没有故障的情况下，由于某种原因而使所测结果与标称值不同，所以总体来说，在进行集成块直流电压或直流电阻测试时要规定一个测试条件，尤其是要作为实测经验数据记录时更要注意这一点。

（2）在线直流电阻普测法

这一方法是在发现引脚电压异常后，通过测试集成电路的外围元器件好坏来判定集成电路是否损坏。由于是断电情况下测定阻值，所以比较安全，并可以在没有资料和数据而且不必要了解其工作原理的情况下，对集成电路的外围电路进行在线检查，在相关的外围电路中，以快速的方法对外围元器件进行一次测量，以确定是否存在较明显的故障。具体操作是先用万用表 $R×10\,\Omega$ 档分别测量二极管和晶体管的正反向电阻值。此时由于欧姆档位定得很低，外电路对测量数据的影响较小，可很明显地看出二极管、晶体管的正反向电阻，尤其是 PN 结的正向电阻增大或短路更容易发现。其次可对电感是否开路进行普测，正常时电感两端阻值较大，那么即可断定电感开路。继而根据外围电路元件参数的不同，采用不同的欧姆档位测量电容和电阻，检查是否有较为明显的短路和开路性故障，从而排除由于外围电路引起个别引脚的电压变化。

（3）电流流向跟踪电压测量法

此方法是根据集成块内部电路图和外围元件所构成的电路，并参考供电电压，即主要测试点的已知电压进行各点电位的计算或估算，然后对照所测电压是否符合来判断集成块的好坏，此方法必须具备完整的集成块内部电路图和外围电路原理图。

第4章　模拟电子电路单元实验

模拟电子电路实验是电类和计算机类学生的重要专业基础实验。必须学好电子电路基础理论，掌握电子电路实验技术，掌握各种电子元器件的使用、电子工艺技术、电子测量技术等知识，才能顺利地进行实验。

应根据实验目的、要求、注意事项进行实验，通过实验，学会实验的测试、调整、故障排除方法，掌握读取、记录、分析和处理实验数据的方法。实验报告必须正确反映实验过程和实验结果。

模拟电子电路实验，按实验的目的可分为三类。

1）检测类实验。实验的目的是为了检测电子部件（包括器件、电路）的指标参数，为分析、使用电子部件取得必要的数据。

2）探索验证类实验。实验的目的是通过实验验证电子电路的有关理论，通过实验发现、探索新的问题。

3）设计应用类实验。应用电子电路技术的有关知识设计并制作实用的电子电路。

在实际工作中，电子技术人员需要分析器件、电路的工作原理，验证器件、电路的特性功能；对电路进行调试、排除故障，测试器件、电路的性能指标，设计制作各种实用电路和整机。所有这些都离不开实验，熟练掌握各种电子电路技术对从事这方面工作的人员来说，是非常重要的。

本章实验内容为模拟电子电路单元电路实验，包括验证性实验、研究性实验、设计性实验等三种实验类型与实物实验、仿真实验等两种实验方法，力图巩固模拟电子电路理论知识的学习，培养模拟电子电路实验的基本技能和传统、现代的实验方法，架设好理论联系实际的桥梁，提高运用理论知识分析问题和解决问题的能力。每个实验内容都包括实验目的、实验仪器仪表、实验原理和电路、基础实验、仿真实验、设计实验、预习要求、实验报告要求和思考题等项目。通过学习，主要达到以下目的。

1）初步培养对单元电子电路进行分析和工程估算的能力。

2）学会基本电子电路的正确组装、调整和故障排除方法。

3）掌握基本电子电路主要性能指标的测试方法。

4）掌握电子电路基础实验中常用电子仪器仪表的正确使用方法。

5）学习现代仿真技术，初步了解 EDA 技术在电子实践中的应用。

6）学习单元电路的设计思路，初步掌握根据指标要求设计常用单元电路的方法。

7）培养正确读取、记录和分析处理实验数据，撰写实验报告的能力。

8）养成实验中应具有的科学态度和良好的工作作风。

4.1　常用电子元器件的识别和检测

4.1.1　实验目的

1. 观察电子元器件实物，了解各种电子元器件的外形和标识方法。
2. 掌握用万用表判别电阻、电容、电感器好坏的方法。
3. 掌握用万用表、晶体管特性仪测量、判断二极管、晶体管极性和性能好坏的方法。
4. 初步掌握元器件手册的使用方法。
5. 熟悉常用仪表的使用。

4.1.2　实验仪器仪表和器材

1. 万用表	一块
2. 晶体管特性图示仪	一台
3. 模拟电子电路实验箱	一个
4. 稳压电源	一台
5. 信号产生器	一台
6. 毫伏表	一台
7. 双踪示波器	一台

4.1.3　实验原理

电子元器件的质量是电子设备能否可靠工作的重要因素。各种电子元器件有不同的外形、标识和性能，据此可正确识别和测量电子元器件。在实验中，可用万用表测量判断电子元器件的好坏（称为定性测量）；也可用晶体管特性图示仪等电子仪器测试器件的有关性能参数（称为定量测量）。本实验将重点介绍有源器件二极管、晶体管的定性和定量测量方法。

常用二极管、晶体管外形形状如图 4-1 所示。

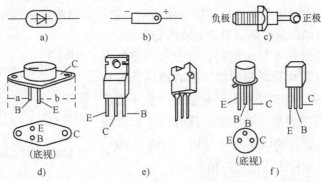

图 4-1　常用二极管、晶体管外形形状图

a) 小功率二极管　b) 小功率二极管　c) 大功率二极管　d) 大功率晶体管　e) 中功率晶体管　f) 小功率晶体管

1. 二极管的识别

二极管在电路中的代号常用 VD 表示。常用二极管的符号如图 4-2 所示。

图 4-2　常用二极管符号

二极管的识别：小功率二极管的负极通常在表面用一个色环标出，有些二极管也采用"P""N"符号来确定二极管的极性，"P"表示正极，"N"表示负极；金属封装二极管通常在表面印有与极性一致的二极管符号；发光二极管通常长脚为正，短脚为负；整流桥的表面通常标注内部电路结构，或者标出交流输入端（用"AC"或"~"表示）和直流输出端（用"+""−"符号表示）。

2. 用万用表检测二极管

（1）普通二极管的测量

二极管是具有明显单向导电特性、非线性伏安特性的半导体器件。由于 PN 结的单向导电性，因而各种二极管测量方法基本是一样的。下面以 UT39 型数字万用表为例，介绍检测二极管的方法。

1）将黑表笔插入 COM 插孔，红表笔插入 VΩ 插孔，将功能开关置于 ▶▶—二极管档，并将测试表笔跨接在被测二极管上。

2）当红表笔接二极管的正极，黑表笔接二极管的负极，即正向连接时，万用表显示为正向导通电压；当二极管反接时，此时显示过量程"1"。由于硅二极管一般正向电压降为 0.6~0.7 V，锗二极管的正向电压降为 0.2~0.3 V，通过测量正反向电压值可判断被测二极管是硅管还是锗管，也可初步判断二极管的好坏。

（2）稳压二极管的测量

稳压二极管的正向导通电压测量方法与普通二极管一样。测稳压二极管的稳压值 V_Z，须使管子处于反向击穿状态，所以电源电压要大于被测管的稳压值 V_Z。

稳压管的稳压值可以用晶体管特性图示仪测得，也可以用图 4-3 所示实验电路来测得。实验电路中要接合适的限流电阻，以防止烧毁稳压管。

测试方法：连接图 4-3 所示电路，改变可调稳压电源的电压 U，使之由零开始缓慢增加，同时稳压管两端用直流电压表Ⓥ监视。当 U 增加到一定值时，稳压管反向击穿，直流电压表指示某一电压值；这时再增加直流电源电压 U，而稳压管两端电压不再变化，则电压表Ⓥ所指示的电压值就是该稳压管的稳压值。

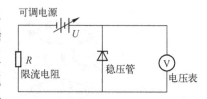

图 4-3　测试稳压管稳压值实验电路

（3）发光二极管的测量

发光二极管是一种把电能变成光能的半导体器件，当它通过一定电流时就会发光。它具有体积小、工作电压低、电流小等特点，广泛用于收录机、音响及仪器仪表中。BT 型系列发光二极管一般用磷砷化镓、磷化镓等材料制成，内部是一 PN 结，具有单向导电性，可用万用表测量正向导通电压初步判断极性和好坏。注意，发光二极管的正向导通电压高于普通二极管。外加正向电压越大，LED 发光越亮。使用中应注意，外加正向电压不能使发光二极管超过其最大工作电流，以免烧坏管子。

发光二极管的工作电流是很重要的一个参数。工作电流太小，发光二极管点不亮，太大则易损坏。图 4-4 为测量发光二极管工作电流的线路图。

测量时，先将限流电阻（电位器）置于阻值较大的位置，然后慢慢将电位器向较低阻值方向旋转，当达到某一值时，发光二极管发光，继续减小电位器的阻值，使发光二极管达到所需亮度，这时电流表的电流值即为发光二极管的正常工作电流值。在测量时注意不能使发光二极管亮度太高（工作电流太大），否则，易使发光二极管早衰，影响使用寿命。

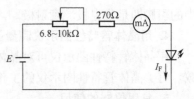

图 4-4 测量发光二极管
工作电流的线路图

要注意不同颜色的发光二管，其工作电流也不同。例如，高亮发光二极管红色为 $3 \sim 5\,\text{mA}$，绿色为 $10\,\text{mA}$ 左右，在实际使用中要选择不同的限流电阻来控制发光亮度。

3. 用万用表检测晶体管

晶体管在模拟电子电路中主要起放大作用，因此其放大系数是很重要的参数。下面以 UT39 型数字万用表检测硅管为例进行说明。

（1）晶体管电流放大系数 β 值的测量

将万用表的功能开关置于 h_{FE} 档（β 档）。根据晶体管是 PNP 型还是 NPN 型，将被测管 E、B、C 三脚分别插入对应的晶体管插孔内，万用表的屏幕上会显示出放大系数 β 的近似值。

（2）晶体管电极和类型的判断

晶体管的 E、B、C 三个电极，可根据引脚位置直接判断，若不知引脚排列规则，可用万用表测量判断。

1）判断晶体管的基极和管子类型

由图 4-5 晶体管测量等效电路可看出，用万用表测量判别晶体管电极的依据是：NPN 型晶体管基极到发射极和基极到集电极均为正向 PN 结，而 PNP 型晶体管基极到发射极和基极到集电极均为反向 PN 结。因此可将万用表的功能开关设为二极管档，通过测量各 PN 结的正向导通电压，可推导出被测晶体管是 NPN 型还是 PNP 型，且能推导出该晶体管的基极。

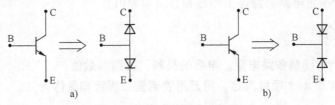

a)   b)

图 4-5 晶体管测量等效电路

a）NPN 型晶体管 b）PNP 型晶体管

用红表笔接触某一引脚，黑表笔分别接触另外两个引脚，如果显示正向电压降均为 $600 \sim 700\,\text{mV}$，则与红表笔接触的引脚为基极，此晶体管为 NPN 型；用黑表笔接触某一引脚，红表笔分别接触另外两个引脚，如果显示正向电压降均为 $600 \sim 700\,\text{mV}$，则与黑表笔接触的引脚为基极，此晶体管为 PNP 型。

2）判断晶体管的集电极和发射极

由于晶体管的发射极和集电极正接时电流放大系数大，反接时电流放大系数小，因此依据这个原理来区分晶体管的集电极和发射极。

将万用表功能开关旋至 h_{FE}，基极插入所对应类型的孔中，把另外两个引脚分别插入 C、E 孔观察万用表显示 h_{FE} 数值，再将 C、E 孔中的引脚对调后看数据，数值大的说明 C、E 孔中的引脚即是集电极、发射极。

4. 用晶体管特性图示仪测量晶体管特性曲线

用晶体管特性图示仪可对晶体管做定量测量，它可以直接测量晶体管特性曲线的各项参数。有关晶体管特性图示仪的工作原理和测量方法可参阅有关说明。

5. 常用仪器的使用

在模拟电子电路实验中，测试和定量分析电路的静态和动态的工作状况时，最常用的电子仪器有：示波器、低频信号发生器、直流稳压电源、低频毫伏表、机械式（或数字式）万用表等，如图 4-6 所示。

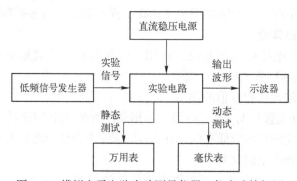

图 4-6　模拟电子电路实验测量仪器、仪表连接框图

示波器：用来观察电路中各点的波形，监视电路是否正常工作，同时还用于测量波形的周期、幅度、相位差等。

低频信号发生器：为电路提供各种频率和幅度的输入信号。

直流稳压电源：为实验电路提供直流电源。

毫伏表：用于测量电路的输入、输出信号的有效值。

万用表：用于测量电路的静态工作点和直流参数值。

4.1.4　基础实验

1. 识别、记录和测量各类电阻、电容的材料、类型和数值

2. 按表 4-1 和表 4-2 项目内容，用万用表测量二极管和晶体管

表 4-1　万用表测量二极管

型　　号	正向压降
2AP9	
1N4007	
4148	
LED	

70

表 4-2 万用表测量晶体管

型 号	管 型	引脚各极位置识别（画图说明）
9015		
9018		
8050		

3. 测量稳压二极管的稳压值

连接如图 4-3 所示电路，改变可调稳压电源的电压 U，使之由零开始缓慢增加，同时稳压管两端用直流电压表 Ⓥ 监视。当 U 增加到一定值时，稳压管反向击穿，直流电压表指示某一电压值；这时再增加直流电源电压 U，而稳压管两端电压不再变化，则电压表 Ⓥ 所指示的电压值就是该稳压管的稳压值。

4. 测量发光二极管工作电流

连接如图 4-4 所示电路，测量发光二极管的工作电流。

5. 用晶体管特性图示仪测量并画出 2AP10、1N4001 和 2CW10 的 PN 结正反向特性曲线

6. 按表 4-3 测量项目和测试条件，用晶体管特性图示仪测量晶体管的特性参数

表 4-3 晶体管特性参数测量

型号 测量项目	9018		9015	
	测试条件	测量值	测试条件	测量值
β	$I_C = 1\,mA$ $U_{CE} = 10\,V$		$I_C = 10\,mA$ $U_{CE} = 10\,V$	
BV_{CEO}	$I_C = 0.1\,mA$		$I_C = 2\,mA$	
I_{CDO}	$U_{CE} = 10\,V$		$U_{CE} = 6\,V$	

7. 常用仪表的使用

（1）稳压电源的使用

接通电源开关，调整电压调节旋钮，使双路稳压电源分别输出 +12 V，用万用表直流电压档，测量输出电压值；同时需要调整电流调节旋钮获得合适的输出驱动电流。

通过外部连线，使稳压电源输出 ±12 V，用万用表测量正、负直流电压值。

（2）信号发生器的使用

首先选择输出通道；按下仪器面板上的波形选择按键选择正弦波输出；按下频率对应的菜单软键，设置信号发生器的输出频率；按下幅度对应的菜单软键，设置信号发生器的输出幅度；启用输出通道输出波形。

（3）毫伏表的使用

首先选择合适的量程，将信号发生器的输出接毫伏表，测出相应的交流信号电压有效值。

（4）示波器的使用

首先选择输入通道，再设置该通道配置，将信号发生器的输出接入输入通道，按下菜单和控制按钮区域中的 Autoset 键，波形稳定显示在屏幕上。

注：若使用的示波器测试电缆为 10:1 的，通道配置时应将测试电缆本身的衰减考虑进去。

4.1.5 仿真实验

1. 稳压二极管稳压值的测量

在 Multisim 工作环境中搭建测试稳压二极管稳压值的实验电路，如图 4-7 所示，其中稳压二极管选用 1N4728A，其稳压值为 3.3 V 左右，XMM1 为万用表，置于直流电压档。

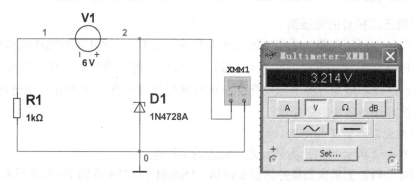

图 4-7　测试稳压二极管稳压值的仿真电路

改变直流稳压电源电压，从 2 V 逐渐增大到 10 V，当稳压电源电压>3.3 V 后，电压表的示数基本不变，保持在 3.2 V 左右，即指示 1N4728A 的稳压值为 3.2 V。

2. 测量发光二极管工作电流及导通电压

在 Multisim 工作环境中搭建测量发光二极管工作电流及导通电压的实验电路，如图 4-8 所示，其中发光二极管选用绿色，XMM2 为万用表置直流电流档，测二极管工作电流；XMM3 为万用表置直流电压档，测发光二极管导通电压。

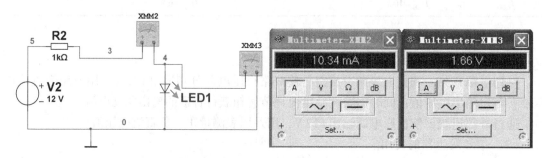

图 4-8　测量发光二极管工作电流及导通电压的仿真电路

从仿真结果可知，发光二极管导通电压为 1.66 V，工作电流为 10.34 mA。

3. 用 IV 分析仪观测稳压二极管的伏安特性曲线

在 Multisim 中连接电路如图 4-9 所示，图中 1N4728A 为稳压管，XIV1 为 IV 分析仪，用于测量二极管和晶体管器件的电流-电压曲线。IV 分析仪面板设置如图 4-9 所示，稳压二极管的稳压值应观测二极管的反向特性，移动屏幕左侧游标可以测量稳压管的稳压值，从仿真结果可知，该稳压二极管的稳压值为 3.48 V。

4. 用 IV 分析仪观测晶体管的输出特性曲线

IV 分析仪在观测晶体管的输出特性曲线时，必须对 IV 分析仪的仿真参数进行设置，设置参数如图 4-10 所示。

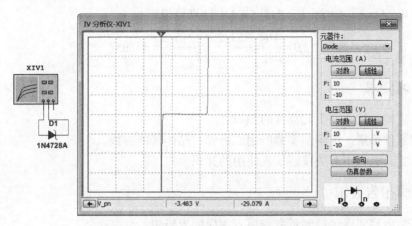

图 4-9　测量稳压二极管伏安特性曲线的仿真电路及仿真结果

图 4-10　IV 分析仪观测晶体管的输出特性曲线仿真参数设置

在 Multisim 中连接电路及仿真结果如图 4-11 所示，图中 2N3904 为 NPN 型晶体管，XIV1 为 IV 分析仪。IV 分析仪中面板设置如图 4-11 所示，移动屏幕左侧游标可以测量晶体管在不同电压时的 I_C。

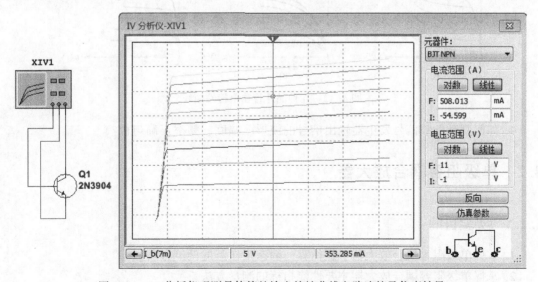

图 4-11　IV 分析仪观测晶体管的输出特性曲线电路连接及仿真结果

从图 4-11 仿真结果可知，晶体管在 $U_{CE} = 5\,V$，$I_B = 7\,mA$ 时，$I_C = 353.285\,mA$；同样可以测得 $U_{CE} = 5\,V$，$I_B = 3\,mA$ 时，$I_C = 213.5\,mA$，计算可得

$$\beta = \frac{\Delta I_C}{\Delta I_B} = \frac{353.285 - 213.5}{7 - 3} = 34.95$$

4.1.6 预习要求

1. 预习实验教材中有关元器件的知识。

2. 查阅器件手册，了解本实验所用二极管、晶体管的参数。

3. 预习实验教材中有关仪器仪表使用的知识。

4.1.7 实验报告要求

1. 按实验内容要求，将测量数据填入相应的表格中。

2. 将实验中测得的二极管、晶体管特性曲线族绘在方格纸上，并简述其主要特点，曲线要求工整光滑，各参变量和坐标值齐全。

3. 写出实验中的问题和体会。

4. 回答思考题。

4.1.8 思考题

1. 电解电容与普通电容在使用上有哪些区别？

2. 用色环标识法标识色码电阻阻值，有哪些局限性？

3. 测得几种晶体管输出特性曲线如图 4-12 所示，试说明特性不好的曲线是什么性能不好？

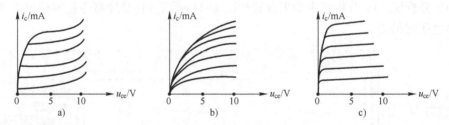

图 4-12　几种晶体管输出特性曲线

4. 如何判断低频信号发生器输出信号的波形、幅度、频率正确与否？

4.2　单级阻容耦合放大器

4.2.1　实验目的

1. 掌握单级阻容耦合放大器工程估算、静态工作点的调试方法。

2. 掌握单级阻容耦合放大器主要性能指标的测量方法。

3. 观察静态工作点的变化对放大器输出波形的影响。

4.2.2 实验仪器仪表和器材

1. 万用表   一块
2. 直流稳压电源   一台
3. 双踪示波器   一台
4. 信号发生器   一台
5. 低频毫伏表   一台
6. 模拟电子电路实验箱   一台

4.2.3 实验电路和原理

1. 实验电路

共射、共集、共基电路是放大电路的三种基本形式，也是组成各种复杂放大电路的基本单元。在低频电路中，共射、共集电路比共基电路应用更为广泛。本次实验仅研究共射电路。图 4-13 所示实验电路是一种最常用的共射放大电路，采用的是自动稳定静态工作点的分压式电流负反馈偏置电路。

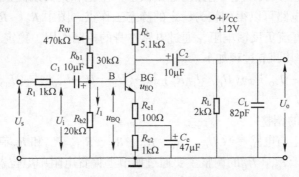

图 4-13　单级阻容耦合放大器实验电路

在该电路中，BG 为 NPN 型晶体管，C_1 和 C_2 为输入输出耦合电容，C_e 为射极旁路电容，R_L 为负载电阻，C_L 为负载电容，R_{b1}、R_{b2} 和 R_W 组成分压电路，它们和发射极电阻 R_{e1}、R_{e2} 共同组成了晶体管直流偏置电路，为晶体管放大电路提供合适的静态工作点，电位器 R_W 用来调整静态工作点。U_i 为信号输入端，U_o 为放大后的信号输出端。

2. 静态工作点的选择、测量与调整

（1）静态工作点的选择

偏置电路所提供的静态工作点是否合适，直接影响到放大器的各项主要性能。因此，在选择静态工作点时，必须兼顾各方面的要求。合适的静态工作点应当使放大器产生的非线性失真小，动态范围最大（即最大不失真输出电压值最大）。因此静态工作点应选在晶体管输出特性曲线上交流负载线最大线性范围的中点，如图 4-14 所示。

从图中可以看出，当 Q 点位于交流负载线的中点时，只要 U_{ce} 的变化范围不超出线性区，输出电流和电压波形均不失真。而若 Q 点过高，位于 Q_A 附近点时，该点靠近晶体管的饱和区，使信号一部分进入饱和区，这部分信号得不到放大易产生饱和失真；Q 点过低，位于 Q_B 附近点时，靠近输出特性的截止区，输入信号的一部分进入截止区，也得不到正常放

大，会产生截止失真。

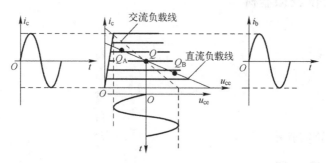

图 4-14　具有最大动态范围的静态工作点

对于小信号放大器而言，由于输出交流信号幅度较小，非线性失真不是主要问题，静态工作点可根据其他要求来选择。例如：若希望放大器耗电小、噪声低或输出阻抗高，Q 点可选低一些；若希望放大器增益高，Q 点可选高一些。

静态工作点的设定除与电路参数有关外，它还易受电源电压波动、环境温度改变等外界因素的影响而发生偏移，导致放大电路的输出波形产生饱和失真或截止失真。本实验电路采用的分压式射极偏置电路可以得到较为稳定的静态工作点。图中 R_{b1}、R_{b2} 组成分压电路，使 U_B 固定，R_{e1} 和 R_{e2} 为直流负反馈电阻，通过电路本身的控制作用，稳定了静态工作点。如当温度升高使 I_{CQ} 升高，其调节过程如下：

$$T \uparrow \rightarrow I_{CQ} \uparrow \rightarrow I_{EQ} \uparrow \rightarrow (U_{EQ} = I_{EQ}R_E) \uparrow \rightarrow (U_{BE} = U_B - U_{EQ}) \downarrow \rightarrow I_{BQ} \downarrow \rightarrow I_{CQ} \downarrow$$

最终获得较为稳定的 I_{CQ}。

（2）静态工作点的调整

静态工作点的大小与电路参数 U_{CC}、R_C、R_{e1}、R_{e2}、R_{b1}、R_{b2} 和 R_W 有关，当电路确定后，静态工作点主要取决于 I_{CQ}，I_{CQ} 的调整主要通过调节上偏置电阻中电位器 R_W 来实现。它分为两个步骤。

1）静态调整

连接电路如图 4-13 所示，加直流电源+12 V，不加输入信号，测量 I_{CQ}，改变 R_W 使之达到设计值，同时测量 U_{CEQ} 是否合适，如果测得 $U_{CEQ} < 0.5$ V，说明晶体管已饱和；如果测得 $U_{CEQ} \approx U_{CC}$，则说明晶体管已截止。实验中，当不知道静态工作点电流的设计值时，可调整 R_W 使所测 $U_{CE} = \left(\dfrac{1}{4} \sim \dfrac{1}{2}\right) U_{CC}$，一般即能保证晶体管工作在放大区。

2）动态调整

从信号发生器输出 $f = 1\,\text{kHz}$，$U_i = 50\,\text{mV}$（有效值）的正弦信号接到放大电路的输入端，将放大电路的输出 U_o 接到示波器的 Y 轴输入端，观察输出波形，如果发现输出波形的正半周或负半周出现削波失真，则表明静态工作点的选择还不合适，需要重新调整，调节 R_W 阻值，直到输出波形不失真为止。当输出波形的正、负半周同时出现削波失真，可能原因是电源电压太低或是输入信号幅度太大，应查找原因。

（3）静态工作点的测量

静态工作点的测量主要指测量输入交流信号为零时的晶体管集电极电流 I_{CQ} 和管压降 U_{CEQ}。静态集电极电流 I_{CQ} 的测量通常可采用直接测量法或间接测量法测量，如图 4-15

所示。

直接测量法：把电流表串接在集电极电路中，直接由电流表读出 I_{CQ} 大小。

间接测量法：用电压表测量发射极对地电压 U_{EQ}，再利用公式 $I_{CQ} \approx I_{EQ} = \dfrac{U_{EQ}}{R_E}$ 算出 I_{CQ}。

直接测量法直观、准确，但不太方便，因为必须断开电路串入电流表；间接测量法方便，但不够直观、准确。

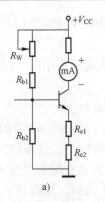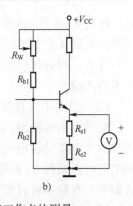

图 4-15 静态工作点的测量
a) I_{CQ} 的直接测量 b) I_{CQ} 的间接测量

3. 小信号放大器主要性能指标及测量方法

晶体管放大电路的主要性能指标有电压放大系数 A_u、最大不失真输出电压 U_{omax}、输入电阻 R_i、输出电阻 R_o 和幅频特性。

按图 4-16 所示的测试系统的接线方式连接各仪表，来测量放大电路的主要性能指标。直流稳压电源提供所需电源，信号发生器提供输入信号，双踪示波器用于观测放大电路的输入、输出电压波形，毫伏表用于测量放大电路的输入、输出电压大小。信号发生器、毫伏表、示波器的接地端都应与放大器的地线相连接，然后分别测试各项指标。

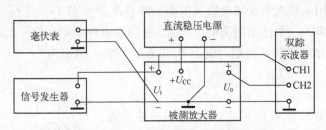

图 4-16 测试放大器性能指标各仪表接线图

（1）电压放大系数 A_u

电压放大系数 A_u 为放大器输出电压与输入电压有效值或峰峰值之比，即

$$A_u = \frac{U_o}{U_i}$$

如图 4-13 所示的阻容耦合共射放大电路，其放大系数 A_u 由以下参数决定：

$$A_u = -\frac{\beta(R_C /\!/ R_L)}{r_{be} + (1+\beta)R_{e1}}$$

其中，r_{be} 为晶体管输入电阻，即

$$r_{be} = 300 + (1+\beta)\frac{26(\text{mV})}{I_{EQ}(\text{mA})}$$

由于晶体管一经选定，β 就已确定，A_u 主要受静态工作点 I_{CQ} 和负载电阻 R_L 的影响。

加直流电源 +12 V，信号发生器输出 $f = 1\,\text{kHz}$ 的正弦信号接到放大电路的输入端 U_i，用示波器观察放大电路的输出电压 U_o 的波形，在确保输出电压不失真的情况下，分别用交流毫伏表测量输入信号的大小与输出信号的大小，即 U_o 和 U_i 的值，计算放大电路的电压放大系数。

保持 U_i 不变，改变负载电阻 R_L 的阻值大小，记录毫伏表读数，观察负载电阻变化对电压放大系数 A_u 的影响。

注意：用毫伏表测量输出电压大小时，观察示波器输出波形，应该在波形不失真的条件下进行测量。

（2）最大不失真输出电压 U_{omax}

信号发生器输出 $f = 1\,kHz$，约几十 mV 的正弦信号接到放大电路的输入端 U_i，用示波器观察放大电路的输出电压 U_o 的波形，逐步增大输入信号的幅度，观察输出波形，当出现单端削波时，调整 R_W 的阻值，即改变静态工作点，使输出波形不失真，再继续增大输入信号的幅度，直到不可再大为止，此时，用毫伏表测量该输出电压，即为此电路的最大不失真输出电压 U_{omax}。

（3）输入电阻 R_i

R_i 指从放大器输入端看进去的交流等效电阻。本电路中，$R_i = r_{be}//(R_{b1}+R_W)//R_{b2}$。输入电阻 R_i 表示放大器对信号源的负载作用，其大小反映了放大器本身消耗输入信号源功率的大小。若 $R_i \gg R_S$（信号源内阻），则放大器从信号源获得较大输入电压；若 $R_i \ll R_S$，则放大器从信号源获得较大输入电流；若 $R_i = R_S$，则放大器从信号源获得最大输入功率。

实验中通常采用串联电阻法测量输入电阻，测量电路如图 4-17 所示，在信号源输出与放大电路输入之间串入一个已知阻值的电阻 R，R 称为取样电阻，信号通过电阻 R 加到放大电路中，用毫伏表分别测出 R 两端的电压 U_S 和 U_i，则输入电阻为

$$R_i = \frac{U_i}{I_i} = \frac{U_i}{(U_S - U_i)/R} = \frac{U_i}{U_S - U_i} \times R$$

注意：取样电阻 R 取值通常应与 R_i 为同一数量级，否则太大易引入干扰，太小易引起较大的测量误差。测量时放大器的输出端应接上负载电阻 R_L，并用示波器监视输出波形，要求在波形不失真的条件下进行上述测量。

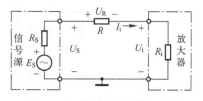

图 4-17 输入电阻测量电路

（4）输出电阻 R_o

输出电阻 R_o 指将输入电压源短路，从输出端向放大器看进去的交流等效电阻。当放大器与负载相连时，对负载来说，放大器就相当于一个信号源，而这个等效信号源的内阻就是放大器的输出电阻 R_o。本电路中 $R_o = r_o//R_C \approx R_C$，式中 r_o 为晶体管的输出电阻。放大器的输出电阻 R_o 的大小反映放大器带负载的能力。R_o 越小，带负载能力越强，若 $R_o \ll R_L$，则等效信号源可视为恒压源，即当负载变化时，在晶体管功率许可范围内，负载两端的信号电压几乎维持不变。若 $R_o \gg R_L$，则等效信号源可视为恒流源。

实验中通常采用外接已经负载法测量输出电阻，测量电路如图 4-18 所示，在放大器的输入端送入一个固定的信号源电压，用毫伏表分别测量 R_L 未接入时，放大器的开路输出电压 U_{oo} 和接上负载 R_L 后的输出电压 U_o，则输出电阻 R_o 可通过下式计算求得：

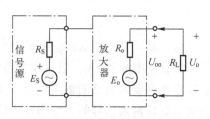

图 4-18 输出电阻测量电路

$$U_o = \frac{U_{oo}}{R_o + R_L} R_L \Rightarrow R_o = \left(\frac{U_{oo}}{U_o} - 1\right) R_L$$

（5）放大器的幅频特性及通频带

放大器的幅频特性指放大器电压增益与输入信号频率之间的关系。放大器的幅频特性如图 4-19 所示，从图中可以看出，放大器的电压增益随信号频率的高低而变化，在中间频率范围内，电压增益变化不大，而当信号频率很高或很低时，电压增益会大大降低。通常将电压增益下降到中频区电压增益的 0.707 倍（即-3 dB）时，所对应的频率称为该放大电路上限频率 f_H 和下限频率 f_L，则该放大电路的通频带为

$$BW = f_H - f_L$$

采用频率特性测试仪（扫频仪）可以测试和显示放大器的幅频特性曲线。实验中通常采用"逐点法"来测量幅频特性，用一个可变频率的正弦信号加入到放大器的输入端，保持输入信号 U_i 的大小不变，逐点改变信号源的频率，同时用毫伏表测出对应的输出电压 U_o，如图 4-20 所示。例如：设 K 为放大器中频段时输出电压的某一个固定值，f_0 为通带内参考频率，f_L 为下限频率，f_H 为上限频率，f_L 和 f_H 所对应的输出电压为 f_0 时输出电压的 0.707K；用所测频率和幅度的相关数据，即可逐点绘制出放大器的幅频特性曲线。频带宽度（即通频带）$BW = f_H - f_L$。

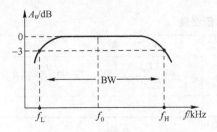

图 4-19　放大器的幅频特性

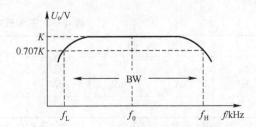

图 4-20　逐点测试绘制幅频特性曲线

理想放大器的增益（或放大系数）是与信号频率无关的实常数，但实际放大器由于存在电抗性元件，从而使增益成为与频率相关的复数。其模与频率的函数关系称为放大器的幅频特性。电抗性元件数值的大小以及与电路中其他元件在结构、数值上的相互关系便决定了幅频特性曲线的形状。对于图 4-13 所示实验电路来说，低频特性主要取决于容量较大的输入、输出耦合电容和发射极旁路电容；高频特性主要取决于容量较小的晶体管 PN 结电容、负载电容以及布线电容。

4.2.4　基础实验

1. 连接实验电路如图 4-13 所示，并加上直流电源+12 V

2. 静态工作点的调整与测量

（1）静态调整

用万用表测量 U_{CE}，调整 R_W 应发现 U_{CE} 会随之变动，使所测 $U_{CE} = (1/4 \sim 1/2)V_{CC}$，即保证晶体管工作在放大区。

（2）动态调整

信号产生器产生 1 kHz、幅度适中的正弦波交流信号，输入放大器输入端，用示波器测量放大器的输出波形，同时调 R_W，消除失真现象，使输出波形幅度最大且不失真，得到最大不失真输出波形，此时即调整好静态工作点。

（3）最大不失真输出电压的测量

用毫伏表接输出端，测量最大不失真输出电压值 U_{omax}。

（4）静态工作点测量

不加输入信号，测量静态工作点的参数，测量数据填入表 4-4。

表 4-4　静态工作点的测量与计算

测量数据	U_{BQ}	U_{EQ}	U_{CQ}	U_{BEQ}	U_{CEQ}	I_{CQ}
实测值						
计算值						

注：$I_{CQ} \approx \dfrac{U_{EQ}}{R_e}$。

3. 放大器主要技术指标（A_u、R_i、R_o）的测量

测试条件：保持静态工作点不变；在实验电路的输入端送频率 $f = 1\,kHz$、有效值为 80 mV 左右的正弦信号；用示波器观察放大器输出电压波形，在波形不失真的条件下，将测量数据填入表 4-5。

表 4-5　主要技术指标测量结果

实　测　值				计　算　值		
U_S /mV	U_i /mV	U_o /mV	U_{oo} /mV	$A_u = \dfrac{U_o}{U_i}$	$R_i = \dfrac{U_i}{U_S - U_i} \times R$	$R_o = \left(\dfrac{U_{oo}}{U_o} - 1\right) R_L$

注：U_o 为接上负载 R_L 时的输出电压；U_{oo} 为负载 R_L 断开时的输出电压。

4. 放大器幅频特性曲线的测量

测试条件：输入正弦信号，频率 $f = 1\,kHz$、幅度适中（有效值约 80 mV）；可取频率 $f = 1\,kHz$ 处的增益作为中频增益；保持输入信号幅度不变，改变输入信号的频率，用低频毫伏表，逐点测出相应放大器的输出电压有效值 U_o；将测量结果填入表 4-6，并画出放大器的幅频特性曲线。

表 4-6　放大器幅频特性的测量结果

f/Hz	$f_L =$	$f = 1\,kHz$	$f_H =$
U_o/V			
$A_u = \dfrac{U_o}{U_i}$			
BW		BW $= f_H - f_L =$	
画出幅频特性 $A_u \sim f$ 或 $U_o \sim f$ 曲线			

5. 观察静态工作点电流大小对电压放大系数的影响

测试条件：输入正弦信号，频率为 $1\,kHz$，幅度适中（有效值约 50 mV），接入负载 $R_L = 2\,k\Omega$；调节上偏置电位器 R_W，改变静态工作点电流 I_{CQ}，需注意测量时输出电压波形不能失真；将测量结果填入表 4-7。

表 4-7　静态工作点电流对放大系数影响的测量结果

I_{CQ}/mA	0.2	0.6	1	1.5
U_i/V				
U_o/V				
$A_u = \dfrac{U_o}{U_i}$				

4.2.5　仿真实验

1. 在 Multisim 中组建单级阻容耦合放大器仿真电路

搭建好的单级阻容耦合放大器仿真电路如图 4-21 所示。

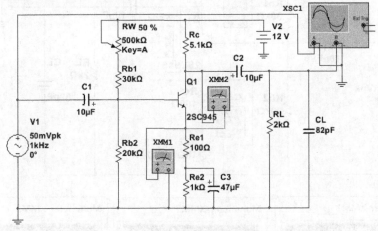

图 4-21　单级阻容耦合放大器仿真电路

2. 静态工作点测量

最佳工作点调节是实现晶体管放大最佳性能的关键，最佳工作点调节方法：增大信号源 U_S 的幅度，直到输出波形出现上半周截止失真或下半周饱和失真，再调节 R_W 使失真消失或使上下半周均有相同程度的失真，如图 4-22 所示。

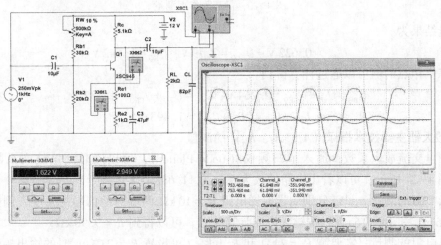

图 4-22　静态工作点的调整

调整过程中发现，当 $R_w=100\,k\Omega$ 即 10% 时，输出波形的失真最小，这时的晶体管的静态工作点就是最佳的。后面的仿真实验最好是基于最佳工作点的条件下测量，否则不能测量出电路的最佳交流性能。

晶体管最佳静态工作点的测量不能在输出波形出现失真时测量，因为失真波形的平均电压不是 0 V，会影响工作点的测量。因此，最好是关闭输入信号源 U_S，再测量电路中晶体管的静态工作点，如图 4-23 所示。

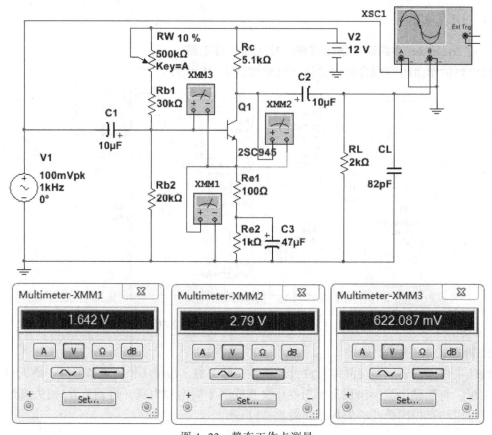

图 4-23　静态工作点测量

测量结果为

$$U_{BEQ}=0.622\,V；U_{CEQ}=2.79\,V；U_{EQ}=1.642\,V$$

其他静态工作点的值可以通过计算得到

$$U_{BQ}=U_{EQ}+U_{BEQ}=2.264\,V；U_{CQ}=U_{EQ}+U_{CEQ}=4.432\,V$$

$$I_{CQ}\approx U_{EQ}/(R_{e1}+R_{e2})=1.493\,mA$$

3. 放大器主要技术指标（A_u、R_i、R_o）的测量

为测量交流放大系数，加入了扫频仪（Bode Plotter），可以同时测量放大系数和通频带，如图 4-24 所示。可以看出电路的放大系数为 11.688。

输入电阻的测量，只需分别测量取样电阻 $R_1=10\,k\Omega$ 两端对地信号的幅度，例如：分别为 28.265 mV 和 14.116 mV，按输入电阻计算公式，可以得到 $R_i=9.98\,k\Omega$。

输出电阻的测量只需要测 $R_L=2\,k\Omega$ 和 R_L 开路（可设置 $R_L=2\,G\Omega$）时的输出幅度，分别为 266.732 mV 和 898.808 mV，通过计算可以得到 $R_o = 4.74$ kΩ。

4. 观察静态工作点电流大小对电压放大系数的影响

图 4-22 中，调 R_W 使 I_{CQ} 分别为 0.3 mA、0.6 mA、0.9 mA 和 1.2 mA，即 U_{EQ} 分别为 330 mV、660 mV、990 mV 和 1320 mV，经仿真，R_W 分别调到 70%、47%、35% 和 29%，测得电路的放大系数分别为 7.51、9.73、10.72 和 11.16。

5. 输出电压波形失真的观察

图 4-22 中，调 R_W 为 50% 时可看到明显的截止失真，为 10% 时可以看到明显的饱和失真。

6. 放大器幅频特性曲线的测量

放大器幅频特性曲线的测量，从图 4-24 中可知，测量得到电路的通频带的下限截止频率 $f_L = 31$ Hz，上限截止频率 $f_H = 1.3$ MHz。

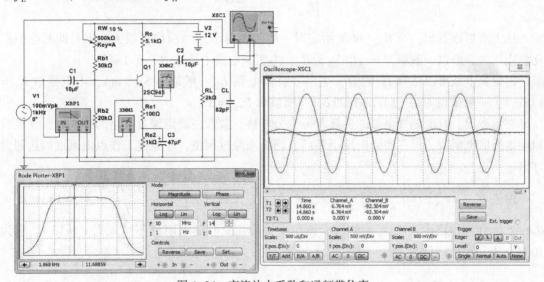

图 4-24 交流放大系数和通频带仿真

4.2.6 设计实验

1. 单级晶体管放大电路设计示例

已知条件：$U_{CC} = +12$ V，$R_L = 2$ kΩ。

要求：设计一个单级阻容耦合共射放大器电路。

指标：$A_u \geqslant 30$，最大不失真输出电压 $U_{omax} \geqslant 1$ V，上限频率 $f_H \geqslant 200$ kHz，下限频率 $f_L \leqslant 200$ Hz。

设计步骤：

（1）选择电路形式及晶体管

采用分压式电流负反馈偏置电路，可以获得稳定的静态工作点，电路形式如图 4-13 所示。晶体管是放大电路的核心器件，利用其电流放大能实现信号的放大。一般硅管常温下受温度影响小于锗管，因此，多数电路采用硅管作为放大器件。选择晶体管的原则如下。

1）兼顾增益与稳定性的要求，选管时应满足：$h_{fe} = 50 \sim 150$。

2）根据放大器通频带要求，晶体管共射电流放大系数 h_{fe} 的截止频率选择为

$$f_{h_{fe}} > (2 \sim 3) f_H$$

根据上限频率的要求，选用高频小功率管 3DG100，其特型参数 $I_{CM} = 20\ mA$，$U_{(BR)CEO} >$ 20 V，$f_T > 150\ MHz$，由于 $A_u > 30$，选取 $\beta = 60$ 左右的管子，也可用 9018 代替。

（2）设置静态工作点并估算偏置电路元件参数

为满足最大不失真输出电压要求，则要求：

$$I_{CQ}(R_C // R_L) \geq U_{omax}$$

$$U_{CEQ} - U_{CES} \approx U_{CC} - I_{CQ}(R_C + R_E) \geq U_{omax}$$

因此，当 R_C 远大于 R_E 时，上式可变换成

$$\begin{cases} I_{CQ} \geq \dfrac{U_{OMAX}}{R_C // R_L} \\[3mm] I_{CQ} \leq \dfrac{U_{CC} - U_{OMAX}}{R_C} \end{cases}$$

从上式可以看出，当 U_{omax} 和 R_L 给定时，R_C 的值越小，I_{CQ} 应取值越大，但是此时电源损耗急剧增大，所以一般取 $R_C \approx (0.5 \sim 5) R_L$，本实验电路中选取 $R_C = 5.1\ k\Omega$。

再根据上式可以估算 I_{CQ} 的值，小信号放大电路 I_{CQ} 一般取 $0.5 \sim 3\ mA$，本电路取 $I_{CQ} = 1.5\ mA$，一般来说 $U_{CEQ} = (1/6 - 1/3) U_{CC}$，所以取 $U_{CEQ} = 3\ V$。

在工程上，直流偏置电路的估算并不十分严格，常常在确定偏置电路的形式后，凭经验粗略地选取电阻值，但在实际电路组装后，仍必须经过调整，才能使工作点电流近似达到设计值。

由于 $U_{CEQ} = V_{CC} - I_{CQ} R_C - U_{EQ} = V_{CC} - I_{CQ} R_C - I_{EQ} R_E$，所以 $R_E \approx \dfrac{V_{CC} - I_{CQ} R_C - U_{CDQ}}{I_{CQ}} = 1\ k\Omega$，$R_E = R_{E1} + R_{E2}$，在本电路中，$R_{E1}$ 起到的是交流负反馈作用，它的电阻值不可太大，所以 R_{E1} 选为 100 Ω，R_{E2} 选为 1 kΩ。

对于小信号放大器，一般来说分压电路中 $R_{b2} = \dfrac{U_{BQ}}{(5 \sim 10) I_{CQ}} \beta = \dfrac{U_{BEQ} + U_{EQ}}{(5 \sim 10) I_{CQ}} \beta$，$R_{b1} = \dfrac{V_{CC} - U_{BQ}}{U_{BQ}} R_{b2} = \dfrac{V_{CC} - U_{BEQ} - U_{EQ}}{U_{BEQ} + U_{EQ}} R_{b2}$，一般硅管的 $U_{BEQ} \approx 0.7\ V$，所以 R_{b2} 取 20 kΩ，R_{b1} 取 90 kΩ，为调整工作点方便，R_{b1} 由 20 kΩ 电阻和 100 kΩ 电位器串接而成。

（3）确定耦合电容和旁路电容

耦合电容和旁路电容的大小由放大器的频率特性决定，耦合放大器的下限频率 f_L 主要决定于耦合电容 C_1、C_2，旁路电容 C_E 的大小；上限频率 f_H 主要决定于晶体管的特征频率 f_T 和负载电容的大小，也与晶体管的结电容和电路中的杂散电容有关。

耦合电容 C_1、C_2 和旁路电容 C_E 一般可按下式选用：

$$\begin{cases} C_E > \dfrac{10}{2\pi f_L R_E} \\[3mm] C_1 > \dfrac{10}{2\pi f_L r_i} \\[3mm] C_2 > \dfrac{10}{2\pi f_L R_L} \end{cases}$$

选取 $C_1 = 10\,\mu\text{F}$，$C_2 = 10\,\mu\text{F}$，$C_E = 47\,\mu\text{F}$。

2. 设计电路并组装、调整、测试各项指标

已知条件：$U_{CC} = +6\,\text{V}$，$R_L = 4\,\text{k}\Omega$。

要求：设计一个单级阻容耦合共射放大器电路。

指标：$A_u \geqslant 30$，最大不失真输出电压 $U_{\text{omax}} \geqslant 0.5\,\text{V}$，上限频率 $f_H \geqslant 200\,\text{kHz}$，下限频率 $f_L \leqslant 200\,\text{Hz}$。

4.2.7　预习要求

1. 了解放大器静态工作点的调整与测试方法。

2. 了解放大器主要性能指标的定义和测量方法。

3. 按照实验电路图 4–13，并设 $I_{CQ} = 2\,\text{mA}$、$V_{CC} = 12\,\text{V}$、晶体管 $\beta = 50$，用近似估算法计算出各静态工作电压；用等效电路法计算出放大器的 A_u、R_i 和 R_o，以便和实验中的实测值进行比较。

4.2.8　实验报告要求

1. 画出实验电路，并标出各元件数值。

2. 整理实验数据，将实测数据填入相应表格，与计算值进行比较并做相关分析。

3. 用对数坐标纸画出放大器的幅频特性曲线。

4. 小结实验方法和问题。

5. 回答思考题。

4.2.9　思考题

1. 复习单级放大电路的工作原理，了解各元件的作用。

2. 在示波器上观察 NPN 型晶体管共射放大器输出电压波形的饱和、截止失真波形；若晶体管换成 PNP 型，饱和、截止失真波形是否相同？

3. 静态工作点设置偏高或偏低，是否一定会出现饱和或截止失真？

4. 讨论静态工作点变化对放大器性能（失真、输入电阻、电压放大系数）的影响。

5. 放大器的 f_L 和 f_H 与放大器的哪些因素有关？

6. 当发现输出波形有正半周或负半周削波失真，各是什么原因？如何消除？

4.3　场效应晶体管放大电路

4.3.1　实验目的

1. 了解结型场效应晶体管的性能和特点。

2. 学会结型场效应晶体管的特性曲线和参数的测量方法。

3. 掌握场效应晶体管放大器的电压放大系数及输入、输出电阻的测量方法。

4.3.2　实验仪器仪表和器材

1. 万用表　　　　　　　　　　　　　　一块

2. 示波器　　　　　　　　　　　　　　一台

3. 直流稳压电源　　　　　　　　　　　一台

4. 双踪示波器　　　　　　　　　　　　一台

5. 低频毫伏表　　　　　　　　　　　　一台

6. 模拟电子电路实验箱　　　　　　　　一台

4.3.3　实验电路和原理

场效应晶体管是一种电压控制型器件，它的输入阻抗极高，噪声系数比晶体管要小，在只允许从信号源取极少量电流的情况下，在低噪声放大器中都会选用场效应晶体管。

场效应晶体管按结构可分为结型和绝缘栅两种类型。由于场效应晶体管栅源之间处于绝缘或反向偏置，所以场效应晶体管的输入阻抗比一般晶体管的输入阻抗要高很多（一般可达上百兆欧）；由于场效应晶体管是一种多数载流子控制器件，因此具有热稳定性好、抗辐射能力强、噪声系数小等优点，另外，场效应晶体管制造工艺较简单，便于大规模集成，因此，场效应晶体管得到越来越广泛的应用。由于场效应晶体管的跨导较小，所以在组成放大电路时，在相同的负载下其电压放大系数一般比晶体管的要低，这是我们使用中要注意的。

本实验中通过 N 沟道结型场效应晶体管 3DJ6 的研究，对场效应晶体管的重要特性及参数性能进行分析。

1. 结型场效应晶体管的特性和参数

N 沟道结型场效应晶体管由一块 N 型半导体的两边通过掺杂做成 2 个 P 区构成。如图 4-25 所示，2 个 P 区连结引出一条引线，称为栅极，用 G 表示；N 区两端各引出一条引线，一条称为漏极用 D 表示，另一条称为源极用 S 表示。3DJ6F 引脚和电路符号如图 4-26 所示，其典型参数值和测试条件见表 4-8。

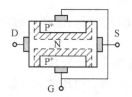

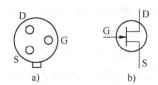

图 4-25　N 沟道结型场效应晶体管　　　图 4-26　3DJ6F 引脚示意图及电路符号
　　　　　结构示意图　　　　　　　　　　a）引脚示意图　b）电路符号

结型场效应晶体管的直流参数主要有饱和漏极电流 I_{DSS}、夹断电压 V_P；交流参数主要有低频跨导：

$$g_m = \frac{\Delta i_D}{\Delta U_{GS}}\bigg|_{U_{ds}=常数}$$

表 4-8　3DJ6F 典型参数值和测试条件

参 数 名 称	饱和漏极电流 I_{DSS}/mA 测试条件：$V_{DS}=10\,V$，$V_{GS}=0\,V$	夹断电压 V_P/V 测试条件：$V_{DS}=10\,V$，$I_{DS}=50\,\mu A$	跨导 g_m/μS 测试条件：$V_{DS}=10\,V$，$i_{DS}=3\,mA$，$f=1\,kHz$
参数值	1.0~3.5	<9	>100

2. 结型场效应晶体管放大器性能分析

（1）输出特性

图 4-27 是 N 沟道结型场效应晶体管的输出特性（漏极特性）曲线。该曲线是当栅源电压 U_{GS} 保持不变（如 $U_{GS}=0$）时，漏极电流 I_D 与漏源电压 U_{DS} 的关系曲线。对于不同的 U_{GS}，可以测出多条输出特性曲线。图 4-27 中，曲线上的 P 点称为预夹断点。预夹断前，I_D 随 U_{DS} 的增加而增加，称这一区域为电阻区。

当 U_{DS} 继续增加使整个沟道被夹断时，I_D 不再随之增加，而是基本保持不变，曲线近似水平，称这一区域为饱和区，场效应晶体管做放大器时，就工作在这一区域。$U_{GS}=0$ 时的 I_D 值，为饱和漏电流 I_{DSS}。

如果 U_{DS} 增加到使反向偏置的 PN 结击穿时，I_D 会迅速上升，管子将不能正常工作，甚至烧毁，称这一区域为击穿区。

（2）转移特性

图 4-28 是 N 沟道场效应晶体管转移特性曲线，该曲线表示当场效应晶体管工作在饱和区、漏源电压 U_{DS} 固定不变（如 $U_{DS}=10\,V$）时，栅源电压 U_{GS} 对漏极电流 i_D 的控制关系。

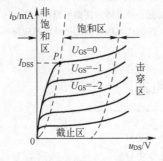
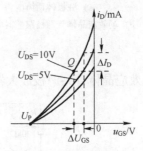

图 4-27　输出特性曲线　　　　图 4-28　转移特性曲线

3. 场效应晶体管应用电路

图 4-29a 是驻极体电容式话筒的内部电路，其中电容 C_1 由膜片经高压电场驻极后产生异性电荷。当膜片受声波振动时电容两端的电压发生变化。由于该电压极微弱，电容 C_1 两端的阻抗很高，所以，采用场效应晶体管 VF 与电容 C_1 配接以实现阻抗变换并放大微弱信号。将场效应晶体管及偏置电阻 R_1、R_2 以电容 C_1 一起装在话筒内，使用时只需外加直流电压 3~12 V。驻极体话筒体积小，使用方便，应用普遍。

图 4-29b 为结型场效应晶体管组成的高稳定石英晶体振荡器电路。石英晶体 JT 与电容 C 组成串联谐振电路，振荡频率由 JT 决定。JT 的选用范围很宽，即使将栅极电阻 R 的值取得很大，也不会给 JT 增加负载。晶体的 Q 值可以保持很高，所以振荡频率的稳定度很高。电感 L 为场效应晶体管的漏极负载，输出波形为正弦波。

图 4-29c 为场效应晶体管源极跟随器电路。采用电阻分压式偏置电路，再加上源极电阻产生很深的直流负反馈，因此，电路的稳定性很好。因为场效应晶体管的输入阻抗比晶体管要高，所以输入耦合电容 C_1 的值可以很小。

图 4-29d 为场效应晶体管共源极放大器采用自偏压电路给栅极提供偏压，C_3 交流旁路电容，有利于提高电路的交流增益。

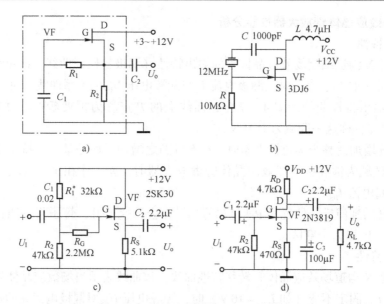

图 4-29 场效应晶体管应用电路举例

a) 驻极体话筒电路　b) 高稳定石英晶体振荡器电路
c) 场效应晶体管源极跟随器电路　d) 场效应晶体管共源极放大器电路

4. 实验电路

图 4-30 为场效应晶体管共源极放大器实验电路。

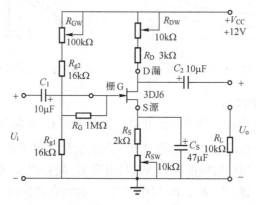

图 4-30 场效应晶体管共源极放大器

5. 静态工作点的调整与测量

结型场效应晶体管源极跟随器实验电路中静态工作点的大小与电路参数 V_{CC}、R_D、R_S、R_g 和 R_W 有关，当电路参数确定后，静态工作点的调整主要通过调节 R_W 来实现。本例中静态工作点为

$$U_{GS} = U_G - U_S = \frac{R_{g1}}{R_{g1}+R_{g2}}V_{CC} - I_{DQ}R_S$$

$$I_{DQ} = I_{DSS}\left(1 - \frac{U_{GSQ}}{U_P}\right)^2$$

88

从信号发生器输出 $f = 1\text{ kHz}$，$U_i = 50\text{ mV}$ 的正弦信号经耦合电容 C_1 接入电路中，用示波器观察共源放大器的输出波形。如果输出波形的顶部或者底部一方出现明显失真，则说明静态工作点还没有设置在合适的位置，重新改变 R_W 的阻值，改变静态工作点的位置，使输出波形无明显失真。如果底部或顶部同时出现失真，则说明电路静态工作点合适。同时失真的主要原因是共源放大器的输出范围有限，减少输入信号，失真可消失。

调整完后，分别测出 U_{SQ}、U_{DSQ}、U_{GSQ} 等指标，计算 I_{DQ}，并把它们与理论计算值比较。

6. 测量共源放大器的性能指标

（1）测量放大系数 A_u

本电路中电压放大系数为

$$A_u = -g_m R'_L = -g_m R_D /\!/ R_L$$

g_m 为场效应晶体管的跨导（即类同于晶体管的 β），是表征场效应晶体管放大能力的一个重要参数，g_m 的单位为毫西（mS）。g_m 可以由特性曲线用作图法求得，或者用公式计算：

$$g_m = -\frac{2I_{DSS}}{V_P}\left(1 - \frac{U_{GS}}{V_P}\right)$$

计算时 U_{GS} 用静态工作点处的数值。由于转移特性是非线性的，同一个管子的工作点不同，g_m 也不同，g_m 值一般在 $0.5 \sim 10\text{ ms}$ 范围内。

要提高 A_u，需增大 R_D 和 R_L，但若增大 R_D 和 R_L，漏极电源电压也需要相应提高。

输入端输入正弦信号（$f = 1\text{ kHz}$，$U_i = 50\text{ mV}$），用示波器观察输出端的电压波形，在输出波形不失真的情况下，用交流毫伏表测出源极跟随器的输出电压 U_o 和输入电压 U_i 的大小，电压放大系数 $A_u = \dfrac{U_o}{U_i}$。

（2）测量输入电阻

本电路中输入电阻为

$$R_i = R_G + R_{g1} /\!/ R_{g2}$$

从原理上说，可采用单极阻容耦合放大器输入电阻的测量方法，但由于场效应晶体管的 R_i 比较大，如果直接测量输入电压 U_S 和 U_i，则由于测量仪器的输入电阻有限，将会产生较大的误差，因此本实验中采用半电压法来测量输入电阻，如图 4-31 所示。

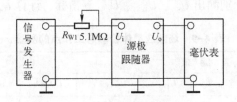

图 4-31　输入电阻测量电路

1）在实验电路的输入端输入正弦波信号（$f = 1\text{ kHz}$，$U_i = 50\text{ mV}$），接上负载电阻 R_L，在输出不失真的情况下，用毫伏表测出输出电压值 U_{OL1}。

2）保持输入信号不变，在实验电路的输入端串接一个 $5.1\text{ M}\Omega$ 的电位器 R_{W1}，调节 R_{W1}，使此时的输出电压 U_{OL2} 下降到未接 R_{W1} 时的一半，即 $U_{OL2} = \dfrac{1}{2}U_{OL1}$，拆下 R_{W1}，用万用

表测出 R_{W1} 电位器的阻值，这个阻值就是实验电路的输入电阻 R_i。

（3）测量输出电阻

本电路中输出电阻为 $R_o = R_D$

本实验中采用半电压法来测量输出电阻，如图 4-32 所示。

1）在实验电路的输入端输入正弦波信号（$f = 1\,\text{kHz}$，$U_i = 50\,\text{mV}$），去掉负载电阻 R_L，在输出不失真的情况下，用毫伏表测出输出电压值 U_{OL1}。

2）保持输入信号不变，在实验电路的输出端并接 $2\,\text{k}\Omega$ 的电位器 R_{W2}，调节 R_{W2}，使此时的输出电压 U_{OL2} 下降到未接 R_{W2} 时的一半，即：$U_{OL2} = \dfrac{1}{2} U_{OL1}$，拆下 R_{W2}，用万用表测出 R_{W2} 电位器的阻值，这个阻值就是实验电路的输出电阻 R_o。

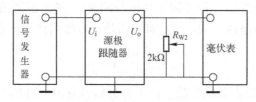

图 4-32　输出电阻测量电路

4.3.4　基础实验

1. 按照图 4-30 连接实验电路，接通 +12 V 直流电源

2. 静态工作点的测量和调整

从信号发生器输出 $f = 1\,\text{kHz}$，$U_i = 50\,\text{mV}$ 的正弦信号经耦合电容 C_1 接入电路中，用示波器观察共源放大器的输出波形。如果输出波形的顶部或者底部一方出现明显失真，则说明静态工作点还没有设置在合适的位置，重新改变 R_{GW} 和 R_{SW} 的阻值，改变静态工作点的位置，使输出波形无明显失真。如果底部或顶部同时出现失真，则说明电路静态工作点合适。同时失真的主要原因是共源放大器的输出范围有限，减少输入信号，失真可消失。

调整完后，用万用表分别测出 U_{SQ}、U_{DSQ}、U_{GSQ} 等指标，计算 I_{DQ} 等，记入表 4-9 中。

表 4-9　场效应晶体管静态工作点的测量

测　量　值						计　算　值		
U_g/V	U_S/V	U_D/V	U_{DS}/V	U_{GS}/V	I_D/mA	U_{DS}/V	U_{GS}/V	I_D/mV

3. 电压放大系数 A_u、输出电阻 R_o 和输入电阻 R_i 的测量

在放大器的输入端送入 $f = 1\,\text{kHz}$、$U_i = 50\,\text{mV}$ 的正弦信号，用示波器观察输出电压 U_o 的波形，在输出电压波形不失真的情况下，用毫伏表测量负载 R_L 等于 $10\,\text{k}\Omega$ 时的输出电压 U_o，并测量出输出电阻 R_o 和输入电阻 R_i 记入表 4-10。

表 4-10　场效应晶体管放大系数及输出电阻的测量

R_{L}	测　量　值					计　算　值		
	$U_{\mathrm{i}}/\mathrm{V}$	$U_{\mathrm{o}}/\mathrm{V}$	A_{u}	$R_{\mathrm{i}}/\mathrm{k\Omega}$	$R_{\mathrm{o}}/\mathrm{k\Omega}$	A_{u}	$R_{\mathrm{i}}/\mathrm{k\Omega}$	$R_{\mathrm{o}}/\mathrm{k\Omega}$
$10\,\mathrm{k\Omega}$								

4.3.5　仿真实验

1. 在 Multisim 中组建场效应晶体管放大器电路仿真

搭建场效应晶体管放大电路，如图 4-33 所示，其中 3DJ6F 用 2N3821 代替，同类型的可代换 3DJ6F 的还有 BF245、2N3822 等。

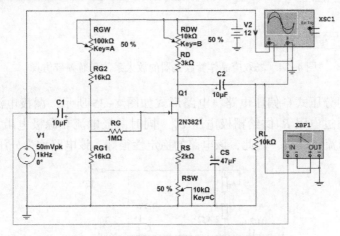

图 4-33　场效应晶体管放大器仿真电路

2. 场效应晶体管放大器电路仿真

该实验与单极阻容耦合放大器实验相似，这里仅给出放大系数、通频带和输入输出电阻的仿真结果。

经过仿真，该场效应晶体管的放大电路的放大系数为 6.79；通频带的下限截止频率 $f_{\mathrm{L}} = 7\,\mathrm{Hz}$，上限截止频率 $f_{\mathrm{H}} = 21\,\mathrm{MHz}$。

场效应晶体管放大器的放大系数和通频带仿真，如图 4-34 所示。

4.3.6　设计实验

1. 场效应晶体管源极跟随器设计示例

已知条件：$U_{\mathrm{CC}} = +12\,\mathrm{V}$，$R_{\mathrm{L}} = 20\,\mathrm{k\Omega}$。

要求：采用结型场效应晶体管 3DJ6 设计一个源极跟随器。

指标：$A_{\mathrm{u}} \approx 1$，$R_{\mathrm{i}} > 2\,\mathrm{M\Omega}$，$R_{\mathrm{o}} < 1\,\mathrm{k\Omega}$。

设计步骤：

（1）选择电路形式

结型场效应晶体管共漏电路的输出电压从源极输出，称为源极跟随器，其特点是输入阻抗特别高，输出阻抗低，电压放大系数近似为 1。所以，在测量仪器的输入端，常采用结型场效应晶体管源极跟随器做阻抗变换。

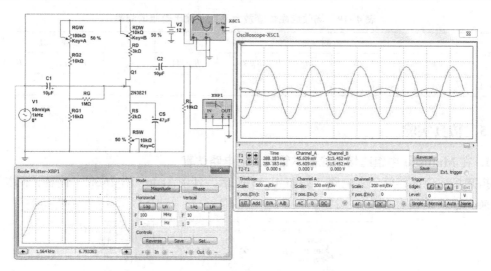

图 4-34　场效应晶体管放大器的放大系数和通频带仿真

本设计中采用分压式自偏压电路，电路形式如图 4-35 所示，漏极电源 U_D 经分压电阻 R_1、R_2 分压后，通过电阻 R_G 供给栅极电压 U_G，同时漏极电流在源极电阻 R_S 上产生电压降 U_S，引起很深的直流负反馈，因此，该电路的稳定性很好，该电路称为分压式自偏压电路。

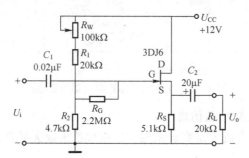

图 4-35　结型场效应晶体管源极跟随器实验电路

（2）设置静态工作点并估算偏置电路元件参数

场效应晶体管的静态工作点要借助于转移特性曲线来设置，3DJ6 的转移特性曲线可以通过晶体管特性图示仪测出，本设计中静态工作点 Q 对应的参数分别为：$U_P = -4\,V$，$I_{DSS} = 3\,mA$，$I_{DQ} = 1.5\,mA$，$U_{GSQ} = -1\,V$，$g_m = 2\,mS$。

因为要求 $A_u \approx 1$，而 $A_u = \dfrac{g_m R'_S}{1 + g_m R'_S}$，即要求 $g_m R'_S \gg 1$，得 $R'_S \gg \dfrac{1}{g_m} = 0.5\,k\Omega$，而 $R'_S = R_S /\!/ R_L$，所以取 $R_S = 5.1\,k\Omega$。

$U_{SQ} = I_{DQ} R_S = 7.65\,V$，所以 $U_{GQ} = U_{GSQ} + U_{SQ} = 6.65\,V$。由 $U_{GQ} = \dfrac{R_2}{R_1 + R_W + R_2} U_{CC} = 6.65\,V$，所以取 R_2 为 $47\,k\Omega$，R_1 为 $20\,k\Omega$，R_W 为 $100\,k\Omega$ 电位器。

设计要求 $R_i > 2\,M\Omega$，本电路中 $R_i = R_G + (R_1 + R_W) /\!/ R_2 \approx R_G$，取 $R_G = 2.2\,M\Omega$

本电路中 $R_o = \dfrac{1}{g_m} /\!/ R_S = \dfrac{R_S}{1 + g_m R_S} = 0.46\,k\Omega$，满足指标 $R_o < 1\,k\Omega$ 的要求。

因本题对频率响应未提要求，所以，只能根据已知电路元件参数选取 C_1 和 C_2。场效应晶体管放大电路的输入、输出阻抗比晶体管都要高，与晶体管放大器相比，场效应晶体管的输入耦合电容 C_1 的值要小得多，本题中取 $C_1 = 0.02\,\mu\text{F}$，$C_2 = 20\,\mu\text{F}$。

2. 设计电路并组装、调整、测试各项指标

已知条件：$U_{CC} = +6\,\text{V}$，$R_L = 20\,\text{k}\Omega$。

要求：采用结型场效应晶体管 3DJ6 设计一个源极跟随器。

指标：$A_u \approx 1$，$R_i > 4\,\text{M}\Omega$，$R_o < 1\,\text{k}\Omega$。

4.3.7　预习要求

1. 复习场效应晶体管的内部结构、组成及特点。
2. 复习场效应晶体管的特性曲线及其测量方法。
3. 了解场效应晶体管放大电路的工作原理、放大系数以及输入、输出电阻的测量方法。
4. 比较场效应晶体管放大器与晶体管放大器各有什么特点？有哪些区别？

4.3.8　实验报告要求

1. 画出有元件值的实验电路图。
2. 各项指标参数的测量步骤。
3. 通过实验测得放大系数 A_u、输入电阻 R_i、输出电阻 R_o 与理论值进行比较。
4. 分析 R_S 和 R_D 对放大器性能有何影响。
5. 实验数据处理与实验结果分析说明。

4.3.9　思考题

1. 与晶体管相比，场效应晶体管有何优越性？根据图 4-29 应用举例电路来说明。
2. 场效应晶体管的跨导 g_m 的定义是什么？跨导的意义是什么？它的值是大一些好还是小一些好？
3. 场效应晶体管有没有电流放大系数 β，为什么？
4. 将场效应晶体管与晶体管放大器进行比较，总结场效应晶体管放大器的特点。

4.4　两级负反馈放大器

4.4.1　实验目的

1. 了解负反馈放大器的调整和分析方法。
2. 加深理解负反馈对放大器性能的影响。
3. 进一步掌握放大器主要性能指标的测量方法。

4.4.2　实验仪器仪表和器材

1. 万用表　　　　　　　　　　　　　　　一块
2. 直流稳压电源　　　　　　　　　　　　一台

3. 双踪示波器　　　　　　　　　　　　一台

4. 信号发生器　　　　　　　　　　　　一台

5. 低频毫伏表　　　　　　　　　　　　一台

6. 模拟电子电路实验箱　　　　　　　　一台

4.4.3　实验电路和原理

1. 实验电路

实验电路如图 4-36 所示。

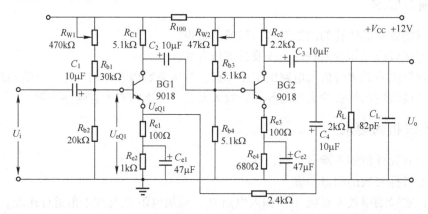

图 4-36　两级负反馈放大器实验电路

图 4-36 实验电路是由两级普通放大器加上负反馈网络构成的越级串联电压负反馈电路。负反馈能够改善放大器的性能和指标，因而应用十分广泛。

电压串联负反馈放大器与其他类型负反馈放大器一样，虽电压放大系数下降，但具有提高增益稳定性、减小非线性失真和展宽通频带的作用，此外，该放大器还能够提高放大器的输入电阻和减小输出电阻。

串联电压负反馈放大器的分析计算遵循一般负反馈放大器的分析计算原则，即根据主网络（基本放大器）分析计算放大器开环主要指标；根据反馈网络计算反馈系数；最后分析计算闭环主要指标。

在分析计算中常用拆环分析法，把负反馈放大器分解为主网络和反馈网络，如图 4-37 所示，在负反馈放大器的电路中，运用置换原理拆开 R_f，保留反馈元件负载效应（即反馈作用和信号直通作用）。反馈网络只反映反馈作用。

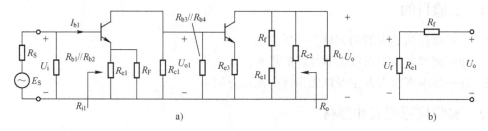

图 4-37　负反馈放大器分解等效电路

a）主网络　b）反馈网络

2. 开环放大器分析计算

（1）开环电压增益 A_u、开环输入电阻 R_i

$$A_u = \frac{U_o}{U_i} = \frac{U_o}{U_{o1}} \times \frac{U_{o1}}{U_i} = A_{u1} \times A_{u2}$$

A_{u1}、A_{u2} 为第一、二级放大器的电压增益

$$A_{u1} = \frac{h_{fe1}(R_{c1} // R_{i2})}{R_{i1}}$$

$$A_{u2} = \frac{h_{fe2}(R_f + R_{e1}) // R_{c2} // R_L}{h_{be2} + (1 + h_{fe2})R_{e3}}$$

$$R_{i1} = h_{ie1} + (1 + h_{fe1})(R_{e1} // R_f)$$

$$R_{i2} = R_{b3} // R_{b4} // [h_{ie2} + (1 + h_{fe2})R_{e3}]$$

这里计算的输入电阻 R_{i1} 是不包括第一级偏置电阻 $R_{b1} // R_{b2}$ 在内的净输入电阻，它等于主网络第一级的净输入电阻。

（2）输出电阻 R_o

主网络的输出电阻等于其末级的输出电阻，即

$$R_o = r_o // (R_f + R_{e1}) // R_{c2} \qquad （r_o \text{ 为晶体管本身输出电阻}）$$

3. 反馈网络计算

反馈网络计算的任务是求反馈系数，在电压串联负反馈放大器中为电压反馈系数，根据定义，电压反馈系数为

$$F = \frac{U_f}{U_o} = \frac{R_{e1}}{R_{e1} + R_f}$$

F 的确定，以满足所要求的反馈深度为依据。

4. 闭环分析计算

（1）闭环电压增益 A_{uf}

$$A_{uf} = \frac{U_o}{U_S} = \frac{U_o}{U_i + U_f} = \frac{\dfrac{U_o}{U_i}}{1 + \dfrac{U_o}{U_i} \times \dfrac{U_f}{U_o}} = \frac{A_u}{1 + A_u F}$$

式中，$1 + A_u F$ 称为反馈深度，放大电路引入反馈后的放大系数 A_{uf} 与反馈深度有关，反馈深度的大小应根据放大器的用途及其性能指标要求来确定。

（2）闭环输入电阻 R_{if}

$$R_{if} = (1 + A_u F)R_i$$

串联电压负反馈提高了输入电阻，因而可减小向信号源索取的功率。

（3）闭环输出电阻 R_{of}

$$R_{of} = \frac{R_o}{1 + A_u F}$$

串联电压负反馈降低了输出电阻，有稳定输出电压的作用。

（4）上限频率 f_{Hf}、下限频率 f_{Lf}

若两级放大器的开环上、下限频率分别为 f_H 和 f_L，则负反馈放大器的上、下限频率可用以下关系式估算：

$$f_{Hf} \approx (1+A_uF)f_H \qquad f_{Lf} \approx \frac{f_L}{(1+A_uF)}$$

负反馈展宽通频带的作用，可通过实验测量有、无负反馈两种情况下的幅频特性曲线来验证。

（5）增益稳定性

增益稳定性是用增益的相对变化量来衡量的，增益的相对变化量越小，增益的稳定性就越高。负反馈提高了放大器的增益稳定性，可做简单的定量分析。

对闭环电压增益微分 $\qquad\qquad dA_{uf} = \dfrac{dA_u}{(1+A_uF)^2}$

改用增量形式表示为 $\qquad\qquad \Delta A_{uf} = \dfrac{\Delta A_u}{(1+A_uA_{uf})^2}$

等式两边分别除 A_{uf} $\qquad\qquad \dfrac{\Delta A_{uf}}{A_{uf}} = \dfrac{1}{1+A_uF} \cdot \dfrac{\Delta A_u}{A_u}$

式中，$\Delta A_{uf}/A_{uf}$、$\Delta A_u/A_u$ 分别表示负反馈放大器和主网络的增益相对变化量。可见，$\Delta A_{uf}/A_{uf}$ 与 $\Delta A_u/A_u$ 比，减小为后者的 $1+A_uF$。因此证明：负反馈放大器的增益稳定性比无负反馈放大器的增益稳定性提高了 $1+A_uF$ 倍。

本实验中，电压增益稳定性的提高是通过改变电源电压 $+V_{CC}$ 的大小来验证的。当 $+V_{CC}$ 改变时，电压增益随之改变，加入负反馈后电压增益稳定性将大为改善。（注：改变负载电阻的大小也可验证。）

综上所述，负反馈虽然使放大器增益下降，但却换取了放大器频带的展宽与增益稳定性的提高，而且随着反馈的加深，这些改善会更加明显。但反馈不能无限加深，否则放大器不仅会失去放大能力，还可能会自激而无法工作。负反馈对输入、输出电阻的影响，依反馈类型而定。

4.4.4 基础实验

1. 按图 4–36 连接好实验电路

连线、测试线尽可能短，否则，电路容易产生自激，造成测试波形不稳定，测量结果不准确。

2. 静态工作点测量与调整

（1）静态调整

接通电源电压 $V_{CC}=+12\,\text{V}$，调节 R_{W1} 和 R_{W2} 使两个晶体管的 $U_{CEQ1}=U_{CEQ2}=(1/4-1/2)\,V_{CC}$，保证使两个晶体管都位于放大区。

（2）动态调整

信号发生器产生 $1\,\text{kHz}$、幅度适中的正弦波交流信号，输入放大器输入端，用示波器测量放大器的输出波形，分别细调 R_{W1} 和 R_{W2}，消除失真现象，使输出波形幅度最大且不失真，此时即调整好静态工作点。

（3）测量静态工作点参数

分别用万用表测量两个晶体管的静态参数，将放大器静态时测量数据记录于表 4-11 中，I_{CQ1} 和 I_{CQ2} 可通过已知发射极对地电压换算求得。

表 4-11　晶体管静态测量结果

静 态 值	U_{BEQ1}	U_{EQ1}	U_{CEQ1}	U_{BEQ2}	U_{EQ2}	U_{CEQ2}	I_{CQ1}	I_{CQ2}
实测值/V								

3. 电压放大系数及稳定性测量

测量条件：在负反馈放大器输入端输入正弦信号（频率 f＝1 kHz，幅度适中，测量到的输出波形不失真即可）。

用示波器在输出端监测，若负反馈放大器输出波形出现失真，可适当减小 U_i 幅度。然后分别使电路处于有（接 R_F）、无（不接 R_F）反馈状态，测出 U_o 并计算 A_u 和 A_{uf}。数据记录于表 4-12。

表 4-12　电压放大系数及稳定性测量结果

测　　量	无 反 馈			有 反 馈		
V_{CC}	12 V			9 V		
A_u 和 A_{uf}	A_u	A_{u1}	A_{u2}	A_{uf}	A_{uf1}	A_{uf2}
ΔA_u	$\Delta A_u = A_{u2} - A_u =$ 或 $\Delta A_u = A_u - A_{u1} =$			$\Delta A_{uf} = A_{uf2} - A_{uf} =$ 或 $\Delta A_{uf} = A_{uf} - A_{uf1} =$		
$\dfrac{\Delta A_u}{A_u}$	$\dfrac{\Delta A_u}{A_u} =$			$\dfrac{\Delta A_{uf}}{A_{uf}} =$		

保持上述条件不变，将 V_{CC} 降低 3 V，或升高 3 V，即改为 9 V 或 15 V。测出相应的 A_{u1} 和 A_{u2}，A_{uf1} 和 A_{uf2}，然后计算：变化量 ΔA_u 和 ΔA_{uf}、相对变化量 $\Delta A_u / A_u$ 和 $\Delta A_{uf} / A_{uf}$。

4. 输入、输出电阻的测量

采用串联电阻法和外接已知负载法分别测出无反馈和有反馈时的输入、输出电阻。测量时，输入频率(f) 为 1 kHz、幅度适中的正弦信号，以负载开路时的输出波形不失真为前提。测量结果填于表 4-13。

注：U_{oo}—负载 R_L 断开时的输出电压；U_o—接上负载 R_L 时的输出电压。

表 4-13　输入、输出电阻的测量

状　　态	U_S	U_i	U_{oo}	U_o	R_i	R_o
无反馈						
有反馈						

5. 通频带的测量

测量条件：直流电源 V_{CC}＝12 V，输入 f＝1 kHz、幅度适中的正弦信号，即测量到的输出波形不失真。

分别测出无反馈和有反馈时的输出电压 U_o、U_{of}。保持 U_i 幅度不变，调节信号源频率，用毫伏表测出无反馈时的 $0.707U_\mathrm{o}$ 值和有反馈时的 $0.707U_\mathrm{of}$ 值（即 3 dB 衰减值），记录 3 dB 衰减所对应的下限频率 f_L 和上限频率 f_H 并算出通频带、绘制幅频特性曲线，将记录填于表 4-14 中。

表 4-14　通频带测量结果

基本放大器（无反馈）		负反馈放大器	
$f=1\,\mathrm{kHz}$ 时 U_o		$f=1\,\mathrm{kHz}$ 时 U_of	
$0.707U_\mathrm{o}$		$0.707U_\mathrm{of}$	
f_L1		f_L2	
f_H1		f_H2	
$\Delta f=f_\mathrm{H1}-f_\mathrm{L1}$		$\Delta f_\mathrm{f}=f_\mathrm{H2}-f_\mathrm{L2}$	
在一个坐标内，画出有、无负反馈时的幅频特性曲线，以便分析比较			

6. 观察非线性失真的改善

测试条件：保持无反馈和有反馈两种状态下的输入信号幅度相同，使电路处于无反馈状态。在负反馈放大器输入端输入频率 f 为 $1\,\mathrm{kHz}$、U_i 有效值为 $10\,\mathrm{mV}$ 的正弦信号，慢慢增大输入信号幅度，使输出电压波形出现明显失真。再接入负反馈，记录输出信号和输出波形。将两次记录，填于表 4-15 中。

表 4-15　观察非线性失真的改善

电 路 状 态		U_i/mV	U_o/mV	输出 U_o 波形
无反馈	调节 U_i，使 U_o 波形出现较明显失真			
有反馈	输入 U_i 与无反馈时相同			

4.4.5　仿真实验

1. 在 Multisim 中组建两级负反馈放大器仿真电路

搭建两级负反馈放大电路，如图 4-38 所示。

2. 静态测量与调整

静态测量与调整如图 4-39 所示。调节 R_W 使 $U_\mathrm{CEQ1}=\left(\dfrac{1}{4}\sim\dfrac{1}{2}\right)V_\mathrm{CC}$，并且观察是否接近最佳工作点，即 $R_\mathrm{L}=2\,\mathrm{k\Omega}$ 上能得到最大不失真输出电压。最大不失真波形及直流工作点仿真结果按顺序地显示在图中，为了得到最准确的直流工作点，最好是关闭输入信号再仿真一次。

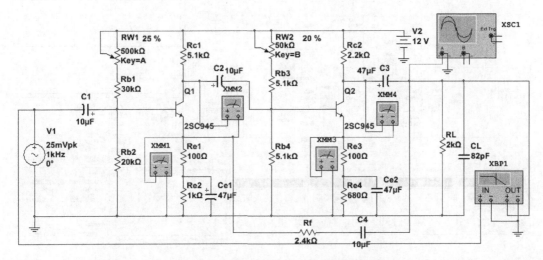

图 4-38 两级负反馈放大器的仿真电路

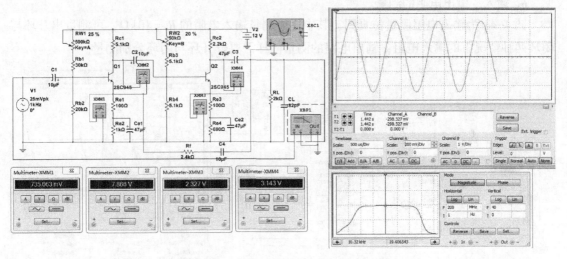

图 4-39 静态工作点的测量与调整仿真

3. 电压放大系数及稳定性测量

图 4-39 同样可用于测量电路的放大倍数,在通频带仿真图中可直接读出电路的放大倍数,开环与闭环可通过反馈环路连接或不连接实现。

4. 通频带的测量

图 4-39 也可用于测量电路的通频带,开环与闭环可通过反馈环路连接或不连接实现。

5. 观察非线性失真的改善

如图 4-40 所示,在开环时,增大输入信号幅度,使输出出现明显失真,再闭环观察失真是否消失。

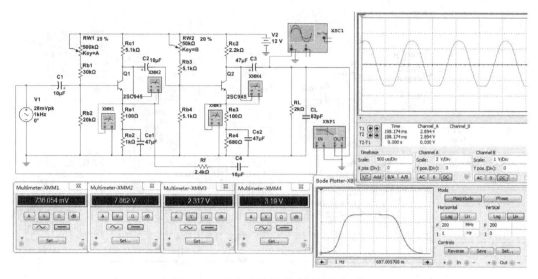

图 4-40　观察非线性失真改善的仿真

6. 输入、输出电阻的测量

图 4-41 为输入电阻测量仿真图，其中用于测量输入电阻的 $R_1 = 10\,\text{k}\Omega$，可测量出开环与闭环两种情况下的输入电阻；输出电路的测量同样需要分开环与闭环分别测量。

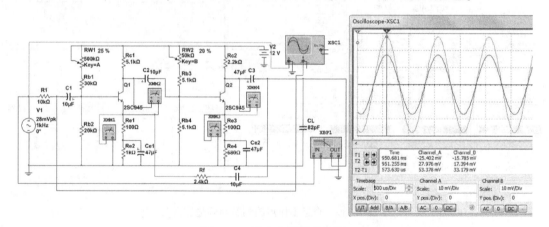

图 4-41　输入电阻测量仿真

输入电阻、输出电阻测量的方法在 4.2 节中有详细的描述。

4.4.6　设计实验

1. 多级交流放大器设计示例

对于一个实际的放大器来说，为了满足一定的指标，并且使它能够稳定可靠地工作，常常需要若干级放大器，还要引入适量的负反馈。但级数增多以后，便出现了各级与整体之间如何配合的问题，多级放大器的设计与单级放大器设计相比，要复杂许多，一般分为以下两步进行。

首先要根据指标要求，确定总体方案。一般包括多级放大器的框图和负反馈的类型、深度，确定放大器的级数、各级电路的形式、级间耦合方式，并合理分配各级增益。

其次就是拟定各级电路的主要技术指标，并逐级进行工程估算。

在进行多级放大器的工程设计时，应注意以下两点：①各级技术指标应留有适当的余地；②在确定的总体方案或设计各级电路的过程中，各项技术指标往往是互相制约的，因此在工程设计时，必须统筹兼顾。

已知条件：$U_{CC} = +12\,V$，$R_L = 2\,k\Omega$。

要求：设计一个多级晶体管放大器电路。

指标：$A_u \geq 20$，输入电阻 $R_i \geq 10\,k\Omega$，输出电阻 $R_o \leq 0.2\,k\Omega$，上限频率 $f_H \geq 1\,MHz$，下限频率 $f_L \leq 40\,Hz$，增益稳定度当 $\dfrac{\Delta R_L}{R_L} \leq \pm 100\%$ 时，$\dfrac{\Delta A_u}{A_u} \leq \pm 10\%$。

设计步骤：

（1）负反馈方式的选择

本实验中根据稳压的要求采用电压负反馈，根据输入电阻较高的要求，选择串联负反馈，因此本电路采用跨级电压串联负反馈。

一般负反馈的深度不宜过深，否则容易引起自激，破坏放大器的正常工作。

由增益稳定性要求：当 $\dfrac{\Delta R_L}{R_L} \leq \pm 100\%$ 时，$\dfrac{\Delta A_u}{A_u} \leq \pm 10\%$ 推出 $\dfrac{\Delta R_L}{R_L} \div \dfrac{\Delta A_u}{A_u} = 1 \div 0.1 = 10$，因此负反馈深度 $1 + A_u F = 10$。

（2）确定放大器的级数，并分配增益

放大电路的级数是根据无反馈时的放大系数而定的，因此，首先要根据技术指标来确定它的级数。目前单级共射放大电路的电压增益一般在几十左右，如果要求的电压增益在 50 以下，用一级电路；如果是几十～几百倍，采用两级电路；几千倍以下，用三级电路。一般情况下，为了避免自激振荡，极少采用四级以上电路。

根据指标要求，负反馈放大器的电压增益要求 $A_{uf} \geq 20$，而负反馈深度 $1 + A_u F = 10$，开环放大系数 $A_{uf} = \dfrac{A_u}{1 + A_u F}$，因此开环放大系数 $A_u \geq 200$。选用两级负反馈晶体管放大电路。

（3）级间耦合方式的选择

级间耦合方式有三种，即直接耦合、阻容耦合和变压器耦合。

直接耦合方式的优点是体积小、频率响应比较好，但直接耦合易造成各级直流工作点相互影响，容易引起零点漂移。变压器耦合方式的优点是便于实现阻抗匹配，但体积大、造价高、不易于集成，目前即使是功率放大电路也较少采用变压器耦合。阻容耦合方式既具有体积小、频率响应比较好的优点，而且由于电容的隔直流作用，各级之间的直流偏置电路互不影响，不用考虑晶体管失调参数和漂移的影响，为电路的设计与调整带来了很大的方便，因此本电路设计就采用了阻容耦合方式。

（4）确定电路的形式

一般情况下，一个多级放大器可分三部分：输入级、中间级和输出级。根据不同的要求，放大器的各级选用电路结构也是不同的。

输入级电路主要取决于信号源的特点。如果信号源内阻较大，则输入级应具有高的输入电阻；如果信号源输出的信号十分微弱，则要求输入级既有一定的增益，又要有很小的噪声系数，以便获得高信噪比，此时应选用低噪声电路。

中间级是决定多级放大器增益的主要部分，应尽可能获得高的增益。输出级采用什么电路主要决定于负载的要求。

本设计中，晶体管选用 9018 高频小功率管，$\beta = 60$ 左右。两级电路均采用共射电路，有一定的电压增益，采用多级串联电压负反馈电路，电路形式如图 4-42 所示。由于开环放大系数 $A_u = 200$，第一级有负反馈电阻，指标中又有对输入电阻的要求，因此第一级电路放大系数适当取小一些，分配第一级电路 $A_{u1} \geq 10$，第二级电路 $A_{u2} \geq 20$。

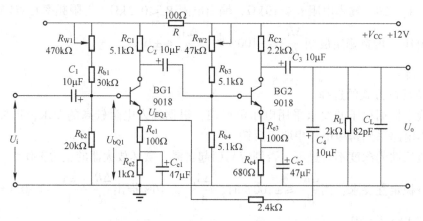

图 4-42　两级负反馈放大电路设计原理图

（5）频率响应指标

由于级间采用阻容耦合方式，各级的频率响应也不可能完全相同，因此要精确地根据总频率响应的要求来确定各级频率响应的指标是很困难的，实际上也是不必要的。一般都是先粗略地估算一下，然后初步确定各级的频率响应指标，最后在调整和测试时根据实际情况稍做调整，达到设计要求。

估算方法如下：几级频率响应相同的阻容耦合放大器级联后，总的频率响应为各级频率响应的乘积。设总的频率响应的上限频率为 f_{Hn}，下限频率为 f_{Ln}，各级的上限频率为 f_{H1}，下限频率为 f_{L1}，则总电路的上下限频率为

$$f_{Hn} = f_{H1}\sqrt{2^{\frac{1}{n}}-1}$$

$$f_{Ln} = f_{L1}/\sqrt{2^{\frac{1}{n}}-1}$$

根据此公式，可以知道两级电路的总频率响应为：$f_{Hn} = 0.64f_{H1}$，$f_{Ln} = 1.56f_{L1}$。

（6）估算各级电路的参数

1）估算负反馈回路

从输入电阻的要求看，输入电阻 $R_i \geq 10\,\text{k}\Omega$，负反馈深度 $1+A_u F = 10$，因此 $R_{i1} \geq 1\,\text{k}\Omega$。

从增益要求看，$A_{u1} = \dfrac{\beta(R_{c1} \parallel R_{i2})}{R_{i1}} \geq 10$，在小电流情况下，$R_{i2}$ 约为 $1\,\text{k}\Omega$ 左右，R_{i1} 也约为 $1\,\text{k}\Omega$ 左右，所以 $R_{i1} \leq 6\,\text{k}\Omega$。

而 $R_{i1} = r_{be1} + (1+\beta)R_{e1}$，小电流情况下 $r_{be1} = 1\,\text{k}\Omega$ 左右，所以 $1\,\text{k}\Omega \leq 1\,\text{k}\Omega + (1+\beta)R_{e1} \leq 6\,\text{k}\Omega$，$R_{e1}$ 取 $100\,\Omega$。

由反馈深度 $1+A_u F = 10$ 可得 $10 = 1 + 200 \cdot \dfrac{R_{e1}}{R_{e1}+R_F}$，推出 R_F 取 2.4 kΩ。

2）第一级电路是输入级，静态工作点电流可取小一点，约为 1 mA 左右，参考 4.2.6 节中单级晶体管放大电路设计示例设计各元件参数，参数值如图 4-42 所示。

3）第二级电路是输出级电路，输出电压高，因此静态工作点电流增大，一般为 2~3 mA，设计方法同单级放大器计算一样，参数值如图 4-42 所示。

4）级间去耦电阻取 100 Ω，主要目的是因为两级单元电路共用一组电源，可能通过公共电源产生寄生耦合，因此增加去耦电阻。

2. 设计电路并组装、调整、测试各项指标

已知条件：$U_{CC} = +12\,V$，$R_L = 10\,kΩ$。

要求：设计一个多级晶体管放大器电路。

指标：$A_u \geqslant 50$，输入电阻 $R_i \geqslant 10\,kΩ$，输出电阻 $R_o \leqslant 0.5\,kΩ$，上限频率 $f_H \geqslant 1\,MHz$，下限频率 $f_L \leqslant 50\,Hz$，增益稳定度要求当 $\dfrac{\Delta R_L}{R_L} \leqslant \pm 50\%$ 时，$\dfrac{\Delta A_u}{A_u} \leqslant \pm 10\%$。

4.4.7 预习要求

1. 复习负反馈放大器的工作原理，加深理解负反馈对放大器性能的影响。
2. 认真阅读实验教材，了解实验内容与测量原理。
3. 复习 A_u、R_i、R_o、f_L、f_H 的测量方法。

4.4.8 实验报告要求

1. 画出实验电路图，标出元器件数值。
2. 整理实验数据，填于相应表格当中。
3. 分析总结负反馈对放大器性能的影响。
4. 回答思考题。

4.4.9 思考题

1. 调静态工作点时，是否要加负反馈？
2. 如何判断电路的静态工作点已经调好？
3. 测量放大器性能指标时对输入信号的频率和幅度有何要求？
4. 采用串联电压负反馈时对信号源和负载有何要求？
5. 若希望精确地测量出电路在有、无反馈两种情况下的输入、输出电阻，在该电路中 R_1、R_L 应分别取何值？

4.5 差分放大器

4.5.1 实验目的

1. 加深对差分放大器原理和性能的理解。

2. 掌握差分放大器基本参数的测量方法。

4.5.2　实验仪器仪表和器材

1. 万用表　　　　　　　　　　　　　　一块
2. 直流稳压电源　　　　　　　　　　　一台
3. 双踪示波器　　　　　　　　　　　　一台
4. 信号发生器　　　　　　　　　　　　一台
5. 低频毫伏表　　　　　　　　　　　　一台
6. 模拟电子电路实验箱　　　　　　　　一台

4.5.3　实验电路和原理

1. 实验电路

本次实验所采用的差分放大器电路，如图 4-43 所示。

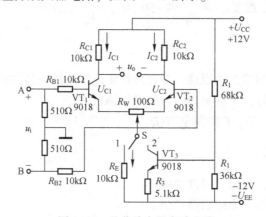

图 4-43　差分放大器实验电路

该实验电路由 2 个对称共射电路组合而成，理想差分放大器的要求为：晶体管 VT_1、VT_2 特性相同（如 $\beta_1 = \beta_2$、$r_{be1} = r_{be2}$），$R_{C1} = R_{C2} = R_C$，$R_{B1} = R_{B2} = R_B$。由于电路对称，静态时两管的集电极电流相等，管压降相等，输出电压 $\Delta u_o = 0$。因此，这种电路对于零点漂移具有很强的抑制作用。

2. 实验原理

差分放大器又称差动放大器，它是一种能够有效抑制零点漂移的直流放大器，具有多种电路结构形式。差分放大器的应用十分广泛，特别是在模拟集成电路中，常作为输入级或中间放大级。

在图 4-43 所示实验电路中，开关 S 拨向 1 时，构成典型的差分放大器。电位器 R_W 用来调节 VT_1、VT_2 两管的静态工作点，当输入信号 $u_i = 0$ 时，双端输出电压 $u_o = 0$。R_E 的作用是为 VT_1、VT_2 确定合适的静态电流 I_E，它对差模信号无负反馈作用，因而不影响差模电压放大系数，但对共模信号有较强的负反馈作用，故可以抑制温度漂移。带 R_E 的差分放大电路也称为长尾式差分放大电路。

当开关 S 拨向 2 时，构成一个恒流偏置差分放大电路。用晶体管恒流源代替电阻 R_E，恒流源对差模信号没有影响，但抑制共模信号的能力增强。差分放大电路的共模电压增益在双端输出时，理想情况下，其共模电压增益为 $A_{uc}=0$；若为单端输出，则共模电压放大系数为：$A_{uc1}=A_{uc2}\approx\dfrac{-R'_L}{2R'_E}$，式中 $R'_L=R_L//R_C$，R'_E 为恒流源交流等效电阻。由于恒流源的交流等效电阻很高，远远高于负载电阻，即使在单端输出的情况下，其共模电压增益也小于 1，对共模信号无放大作用，共模抑制能力较强。用恒流源充当一个阻值很大的电阻 R_E，既可有效地抑制零漂，又适合于集成电路制造工艺中用晶体管代替大电阻的特点，因而在集成电路中被广泛应用。

4.5.4　基础实验

1. 典型差分放大器电路性能测试

（1）测试静态工作点

将实验电路图 4-43 中的开关 S 拨向 1，构成典型差分放大器。先不接入信号源，而将放大器输入 A、B 端与地短接，接通 ±12 V 直流电源，用万用表测量输出电压 U_o，调节电位器 R_W，使 $U_o=0$。

调零后，用万用表测量 VT_1、VT_2 管各极电位及射极电阻 R_E 两端电压 U_{EE}，将数据记入表 4-16 中。

表 4-16　静态工作点测量

测量值/V	U_{C1}	U_{B1}	U_{E1}	U_{C2}	U_{B2}	U_{E2}	U_{EE}
计算值/mA	I_C		I_B			I_{CE}	

典型差分放大电路的静态工作点电流用以下方式估算：

$$I_E\approx\frac{|U_{EE}|-U_{BE}}{R_E}\quad（认为 U_{B1}=U_{B2}\approx0）$$

$$I_{C1}=I_{C2}=\frac{1}{2}I_E$$

（2）测量差模信号的放大系数

当 A 端与 B 端所加信号为大小相等且极性相反的输入信号时，称为差模信号。单端输入时，则 u_{i1}（A 端对地）$=\dfrac{1}{2}u_i$；u_{i2}（B 端对地）$=-\dfrac{1}{2}u_i$，双端输入时，输入信号 u_i 加于 A、B 两端。

当差分放大器的射极电阻 R_E 足够大，或者采用恒流偏置电路时，差模电压放大系数 A_{ud} 由输出方式决定，而与输入方式无关，故本次实验中，测量差模信号的放大系数时使用单端输入。输出方式分为双端输出和单端输出。

双端输出：（条件为 $R_E=\infty$，R_W 在中心位置）

$$A_{ud}=\frac{\Delta u_o}{\Delta u_i}=-\frac{\beta R_C}{R_B+r_{be}+(1+\beta)\dfrac{R_W}{2}}$$

若在双端输出端接有负载 R_L，则放大系数为

$$A'_{ud} = \frac{\Delta u_0}{\Delta u_i} = -\beta \frac{R'_L}{R_B + r_{be} + (1+\beta)\frac{R_W}{2}} \quad \left(式中 \; R'_L = \frac{R_L}{2} // R_{C1}\right)$$

单端输出：（分别为 VT_1、VT_2 管集电极对地输出）

$$A_{ud1} = \frac{\Delta u_{C1}}{\Delta u_i} = \frac{A_{ud}}{2} \qquad A_{ud2} = \frac{\Delta u_{C2}}{\Delta u_i} = -\frac{A_{ud}}{2}$$

将差分放大器的输入端 A 接函数信号发生器，输入端 B 对地短接，即可构成单端输入方式，调节输入信号为频率 $f = 1\,kHz$ 的正弦信号，逐渐增大输入电压 u_i 到 $100\,mV$ 时，在输出波形无失真的情况下，用交流毫伏表测 u_{C1}、u_{C2}，将测量数据记入表 4-17，并观察 u_i、u_{C1}、u_{C2} 之间的相位关系。

表 4-17 差分放大器差模和共模信号输出参数及放大系数

参 数	典型差分放大电路		具有恒流源差分放大电路	
	单端输入	共模输入	单端输入	共模输入
u_i/V	0.1	1	0.1	1
u_{C1}/V				
u_{C2}/V				
$A_{ud1} = \dfrac{u_{C1}}{u_i}$		×		×
$A_d = \dfrac{u_o}{u_i}$		×		×
$A_{C1} = \dfrac{u_{C1}}{u_i}$	×		×	
$A_C = \dfrac{u_o}{u_i}$	×		×	
$K_{CMRR} = \left\lvert \dfrac{A_{ud}}{A_{uc}} \right\rvert$				

（3）测量共模信号的放大系数

当 A 端与 B 端所加信号为大小相等且极性相同的输入信号时，称为共模信号。

当输入共模信号时，若为单端输出，则共模放大系数为

$$A_{uc1} = A_{uc2} = \frac{\Delta u_{C1}}{\Delta u_i} = \frac{-\beta R_C}{R_B + r_{be} + (1+\beta)\left(\frac{R_W}{2} + 2R_E\right)} \approx -\frac{R_C}{2R_E}$$

若为双端输出，在理想情况下，共模放大系数为

$$A_{uc} = \frac{\Delta u_o}{\Delta u_i} = 0$$

为了表征差分放大器对差模信号的放大作用和对共模信号的抑制作用，通常用一个综合指标即共模抑制比来衡量，即

$$K_{CMRR} = \left| \frac{A_{ud}}{A_{uc}} \right|$$

调节信号源，使输入信号频率 $f = 1\,kHz$，幅度 $u_i = 1\,V$，同时加到 A 端和 B 端上，就构成共模信号输入。用交流毫伏表测量 u_{C1} 和 u_{C2}，记入表 4-17 中，并观察 u_i、u_{C1}、u_{C2} 之间的相位关系。

2. 恒流偏置差分放大器电路性能测试

将实验电路图 4-43 中的开关 S 拨到 2，构成恒流偏置差分放大器电路。

根据典型差分放大器电路中（2）和（3）的操作步骤，完成相应实验，将测量数据记入表 4-17 中。

4.5.5　仿真实验

1. 在 Multisim 中组建差分放大器仿真电路

搭建差分放大电路。如图 4-44 所示，仿真中用差分对管 MAT04AY 代替 BG319，性能接近，同类型的还有 5G921、LM3046 等。如果用四个 9018 仿真会使仿真与实际实验之间存在较大的差距，因为仿真时的 9018 完全相同，而实际实验中 9018 之间的器件参数差异较大。

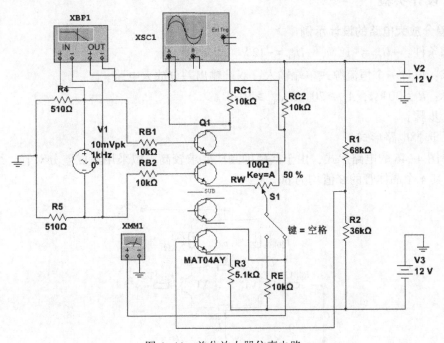

图 4-44　差分放大器仿真电路

2. 差分放大器电路仿真

这里仅给出放大系数、通频带和输入输出电阻的仿真效果，如图 4-45 所示。

经过仿真，该差分放大电路的带宽增益为 39.9 dB，上限截止频率 $f_C = 15\,kHz$。

该差分放大器的频带宽度约为 BW = 15 kHz。

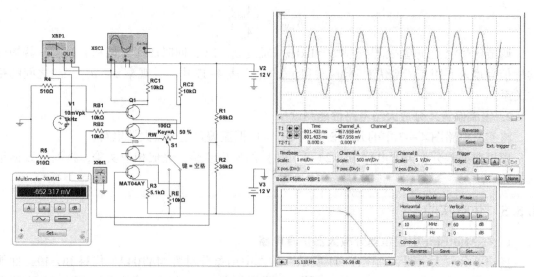

图 4-45　差分放大器仿真结果

4.5.6　设计实验

1. 差分放大电路的设计示例

已知条件：$+U_{CC}=+12\,\text{V}$，$-U_{EE}=-12\,\text{V}$，$R_L=20\,\text{k}\Omega$。

要求：设计一个恒流源式单端输入、双端输出差分放大电路。

指标：$R_{id}>30\,\text{k}\Omega$，$A_{ud}\geqslant20$，$K_{CMRR}\geqslant50\,\text{dB}$。

设计步骤：

（1）选择电路形式

选择图 4-46 的电路形式，由于共模抑制比要求较高，拟采用集成差分对管，可以采用 BG319，其 4 个晶体管的 β 值均为 60。

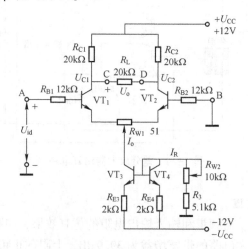

图 4-46　恒流源式差分放大电路

（2）设置静态工作点并估算电路元件参数

差分放大电路的静态工作点主要是由恒流源 I_o 决定的，$I_{CQ1} = I_{CQ2} \approx \dfrac{I_o}{2}$，所以一般先设定 I_o 的大小。I_o 的取值不能太大，I_o 越小恒流源越恒定，漂移越小，差分放大电路的输入阻抗越高，但也不能过小，一般为几毫安左右。

本电路取 $I_o = 1\,\text{mA}$，则 $I_{CQ1} = I_{CQ2} \approx \dfrac{I_o}{2} = 0.5\,\text{mA}$。

已知 $R_{id} = 2\left[R_{B1} + r_{be} + (1+\beta)\dfrac{R_{W1}}{2}\right]$，而 $r_{be} = 300\,\Omega + (1+\beta)\dfrac{26\,\text{mV}}{I_{CQ1}} = 3.4\,\text{k}\Omega$。由指标要求 $R_{id} > 30\,\text{k}\Omega$，可以推算出 R_{W1}、R_{B1} 的大小。该式中 R_{W1} 阻值不可太大，否则负反馈太强，放大器增益会较小，应选取较小的电位器，它主要是便于调整电路的对称性，本式中 R_{W1} 选取为 $51\,\Omega$ 电位器，则输入电阻 R_{id} 主要由 R_{B1} 和 r_{be} 决定，取 $R_{B1} = R_{B2} = 12\,\text{k}\Omega$。

已知 $A_{ud} = \dfrac{-\beta R'_L}{R_{B1} + r_{be} + (1+\beta)\dfrac{R_{W1}}{2}}$，其中 $R'_L = R_C // \dfrac{R_L}{2}$。指标要求 $A_{ud} \geqslant 20$，则取 $A_{ud} = 25$，且已知 $R_L = 20\,\text{k}\Omega$，则由上式计算取 $R_{C1} = R_{C2} = 20\,\text{k}\Omega$ 能满足指标要求。

恒流源的电流为：$I_o = I_R = \dfrac{|-U_{EE}| - U_{BEQ}}{R_3 + R_{W2} + R_{E4}}$，而 I_o 取为 $1\,\text{mA}$，则 $R_3 + R_{W2} + R_{E4} = 11.3\,\text{k}\Omega$，其中射极电阻一般取几 $\text{k}\Omega$，这里取 $R_{E3} = R_{E4} = 2\,\text{k}\Omega$，$R_3$ 取 $5.1\,\text{k}\Omega$，R_{W2} 取 $10\,\text{k}\Omega$ 的电位器，改变电位器的位置，可以调整恒流源的电流 I_o 到设计值。

2. 设计电路并组装、调整、测试各项指标

已知条件：$+U_{CC} = +12\,\text{V}$，$-U_{EE} = -12\,\text{V}$，$R_L = 20\,\text{k}\Omega$。

要求：设计一个恒流源式单端输入、双端输出差分放大电路。

指标：$R_{id} > 20\,\text{k}\Omega$，$A_{ud} \geqslant 15$，$K_{CMRR} \geqslant 50\,\text{dB}$。

4.5.7 预习要求

1. 复习差分放大器的工作原理和调试步骤。

2. 按本次实验电路参数计算静态工作点及差模电压放大系数、单端输出时共模电压放大系数，共模抑制比 K_{CMRR}（可设 R_W 的中间位置，VT_1、VT_2 的 β 值均为 60 左右）。

3. 自拟好实验数据测试表格。

4.5.8 实验报告要求

1. 实验目的、标有元件值的电路原理图。

2. 各项指标参数的测量步骤。

3. 实验数据处理与实验结果分析说明。

4. 简要说明 R_E 和恒流源的作用。

5. 总结恒流源差分放大器对共模抑制比性能的改善。

4.5.9 思考题

1. 差分放大器是否可以放大直流信号？

2. 为什么要对差分放大器进行调零？

3. 增大或者减小 R_E 的阻值，对输出有什么影响？

4.6 集成运算放大器在信号运算方面的应用

4.6.1 实验目的

1. 了解集成运算放大器（集成运放）μA741 的各引脚的作用。
2. 学习集成运放的正确使用方法，测试集成运放的传输特性。
3. 熟悉集成运放反相和同相两种基本输入方式，以及虚地、虚短和虚断的概念。
4. 学习用集成运放和外接反馈电路构成反相、同相比例放大器、加法器、减法器和积分器的方法，以及对这些运算电路进行测试的方法。

4.6.2 实验仪器仪表和器材

1. 万用表   一块
2. 直流稳压电源   一台
3. 双踪示波器   一台
4. 信号发生器   一台
5. 低频毫伏表   一台
6. 模拟电子电路实验箱   一台

4.6.3 实验电路和原理

集成运算放大器（简称集成运放）是一个具有两个输入端、一个输出端的多级直接耦合放大电路，它具有高增益、高输入阻抗、低输出阻抗的特点。在它的输出端和输入端之间加上反馈网络，则可实现不同的电路功能，如：反馈网络为线性电路时，可以实现放大功能以及加、减、微分、积分等模拟运算功能；反馈网络为非线性电路时可实现对数、反对数、乘、除等模拟运算功能；反馈网络为正反馈，可以组成正弦波、三角波、脉冲波等波形产生电路。

在分析集成运放的各种应用电路时，常常将集成运放看成是理想运算放大器。所谓理想运放，就是将集成运放的各项技术指标理想化，即：无限大的开环差模电压增益、差模输入电阻、共模抑制比、开环带宽，以及零输出电阻等。只要掌握其基本特性，便能分析和设计一般的应用电路。

在集成运放的各种应用中，其工作范围可有两种情况，即工作在线性区或非线性区。对于工作在线性区内的理想运放，有两条基本法则是分析运放电路的基本出发点：一是运放的同相输入端电压与反相输入端电压相等，$U_+ = U_-$，即"虚短路"；二是运放的两个输入端的输入电流均为零，$I_+ = I_- = 0$，因为理想运放的差模输入电阻为无限大，所以运放不会从外部电路索取任何电流，即"虚断路"。

1. 集成运放的基本特点及使用方法

（1）实验所用集成运放的外引线排列及电路符号

实验电路采用 μA741 集成运放，图 4-47 为外引线排列及符号。

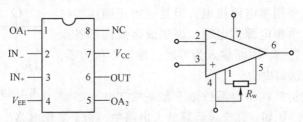

图 4-47　μA741 集成运算放大器外引线排列及符号

（2）运放的"调零"（失调调整）

理想集成运放如果输入信号为零，则输出电压应为零。但由于内部电路参数不可能完全对称，运放又具有很高的增益，输出电压往往不为零，即产生失调，特别是早期生产的运放器件，失调更为严重。因此对于性能较差的器件或者在特别精密的电路中，需要设置调零电路，以保证零输入时零输出的要求。图 4-48 为两个典型的调零电路。

图 4-48a 为有调零专用端的集成运放（μA741 的 1、5 引出线是外接调零电位器的专用端）；图 4-48b 为无调零专用端的集成运放。

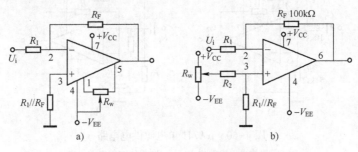

图 4-48　运放典型调零电路

a）有调零专用端的集成运放　b）无调零专用端的集成运放

调零电路的具体操作方法有两种。一种为静态调零。方法为去掉输入信号源，并将接信号源的输入端接地，然后调整调零电位器，使输出电压为零。这种调零方法简便，一般用于信号源为电压信号，以及输出零点精度要求不高的电路。另一种为动态调零，精度较高。方法为输入接交流正负等幅信号，输出用数字万用表监测，调整调零电位器，使正负输出值相等。

（3）运放的供电方式

集成运放原则上有两个电源引脚+V_{CC} 和-V_{EE}，但有不同的电源供电方式。使用和看电路图时还要注意，实际应用电路图中，集成运放的直流供电电路一般不画出来，这是一种约定俗成的习惯画法，但运放工作时一定要加直流电源。

1）双电源供电

最常用的是对称双电源供电，相对于基准电位（地）的绝对值相等的正电源（V_{CC}）和负电源（-V_{EE}）分别接在 μA741 的 7 脚和 4 脚上，如图 4-49 所示，集成运放常用正负电源供电，有些运放工作电压范围为±3～±15 V，使用时可合理选用。

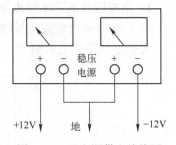

图 4-49 双电源供电接线图

2）单电源供电

集成运放也可以采用单电源供电，但是必须正确连接电路。双电源集成运放由单电源供电时，该集成运放内部各点对地的电位都将相应提高，因而输入为零时，输出不再为零，这是通过调零电路无法解决的。

图 4-49　双电源供电接线图

为使双电源集成运放在单电源供电下能正常工作，必须将输入端的电位提升。例如：在交流运算放大电路中，为了简化电路，可以采用单电源供电方式，为获得最大动态范围，通常使同相端的静态（即输入电压为零时）工作点 $V_+ = \frac{1}{2}V_{CC}$。交流运算放大器只放大交流信号，输出信号受运放本身的失调影响很小，因此，不需要调零。

单电源供电时集成运放输出端直流电平近似为电源电压的一半，使用时输入、输出都必须加隔直流电容。为提高信号基准电平，运放 μA741 单电源供电两种接法的电路形式，如图 4-50 所示。

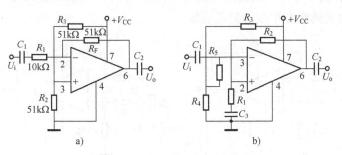

图 4-50　μA741 单电源供电电路
a）反相放大单电源供电　b）同相放大单电源供电

对于图 4-50a 而言，$V_+ = \frac{R_2}{R_2+R_3}V_{CC}$；对于图 4-50b 而言，$V_+ = \frac{R_4}{R_3+R_4}V_{CC}$。如果要满足工作点 $V_+ = \frac{1}{2}V_{CC}$ 的条件，则需满足 $R_2 = R_3$；$R_3 = R_4$。

（4）运放的保护电路

集成运放使用不当，容易造成损坏。实际使用时常采用以下保护措施。

1）电源保护措施

电源的常见故障是电源极性接反和电压跳变。电源反接保护电路和电源电压突变保护电路如图 4-51a、b 所示。

性能较差的稳压电源，在接通和断开瞬间会出现电压过冲，可能会比正常的稳压电源电压高几倍。

通常双电源供电时，两路电源应同时接通或断开，不允许长时间单电源供电、不允许电源接反。

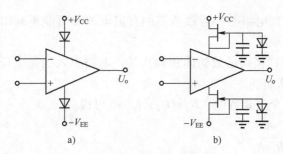

图 4-51　运放电源保护电路

a）反接保护　b）突变保护

2）输入保护措施

运放的输入差模电压或输入共模电压过高（超出极限参数范围），运放也会损坏。图 4-52 是典型的输入保护电路。

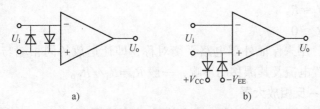

图 4-52　运放的输入保护

a）差模电压过大时的保护电路　b）共模电压过大的保护电路

3）输出保护措施

当集成运放过载或输出端短路时，如果没有保护电路，该运放就会损坏。有的集成运放内部设置了限流或短路保护，使用时就不需再加输出保护。普通运放的输出电流很小，仅允许几毫安，因此，运放的输出负荷不能太重，使用时严禁过载，特别要注意，运放的输出端严禁对地短路或接到电源端，运放的负载一般要大于 2 kΩ。

4）运放自激的消除

集成运放在实际应用中，遇到的最棘手问题就是电路的自激。由于集成运放内部由多级直流放大器组成，引起自激的主要原因为：集成运放内部级间耦合电路产生附加相移，形成多折点幅频特性；集成运放外接反馈网络产生相移；集成运放输入电容和等效输入电阻产生附加相移；集成运放输出电阻和电抗性负载产生相移；多个集成运放级联时通过供电电源耦合产生附加相移。

运放在零输入或放大信号时，当输出波形有高频寄生杂波时，说明运放电路有自激现象。为使运放稳定工作，要加强电源滤波、合理安排印制板布局、选择合适的接地点；通常还采取破坏自激的相位条件即用 RC 相位补偿网络来消除自激（可查阅有关资料）。有的运放内部已有防自激的相位补偿网络，使用时可不外接补偿电路。

2. 实验电路——同相交流放大器

图 4-53 为同相交流放大器实验电路。

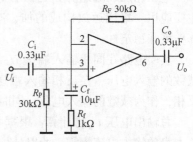

图 4-53　同相交流放大器实验电路

首先要注意：在原理电路图中运放所需的直流电源有可能不画出来，但运放要正常工作，需要正确接入直流电源。

图中输入信号通过 C_i 接入运放的同相输入端，电路引入的是电压串联负反馈，其闭环电压放大系数 A_{uf} 的计算如下。

根据理想运放的两个重要特性：$U_+ \approx U_-$、$I_\Sigma \to 0$ 可得

$$\because \quad U_i = U_+ \approx U_- = \frac{R_f}{R_f + R_F} U_o$$

$$\therefore \quad A_{uf} = \frac{U_o}{U_i} = 1 + \frac{R_F}{R_f}$$

上式说明：闭环电压放大系数 A_{uf} 仅由反馈网络元件的参数决定，几乎与放大器本身的特性无关。选用不同的电阻比值，就能得到不同的 A_{uf}，因此电路的增益和稳定性都很高。这是运放工作在深负反馈状态下的一个重要优点。

输入电阻为：$R_i \approx R_P$。

输出电阻为：$R_o \approx 0$。

R_P 为平衡电阻，用来保证外部电路平衡对称，即让运放的同相端与反相端的外接电阻相等，以便补偿偏置电流及其漂移的影响，一般 $R_P = R_1 // R_F$。

3. 实验电路——反相放大器

图 4-54 为反相放大器实验电路。输入信号 U_i 直接耦合送到运放的反相输入端 U_-，输出信号 U_o 的相位与 U_i 相反。构成并联电压负反馈放大器。电压放大系数 A_{uf} 的计算如下。

因为反相端与同相端不取电流，可得 $U_+ = 0$、$I_f = I_F$。又因为同相端电位等于反相端电位，可知 $U_- = 0$，这种反相端电位为"零"的现象可以把"2"点看成是地电位，通常把"2"点称为"虚地"。

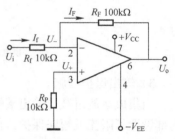

图 4-54 反相放大器实验电路

"虚地"是因为并非真正接地，若是真接地，则所有输入信号电流都被短路了，事实上信号电流并不流入虚地，而是直接流入 R_F。R_F 和 R_f 可分别作为两个独立单元对待。由此可求得

$$I_f = \frac{U_i}{R_f} \quad I_F = -\frac{U_o}{R_F} \quad A_{uf} = \frac{U_o}{U_i} = -\frac{R_F}{R_f}$$

4. 实验电路——四路输入加、减法器

图 4-55 为四路输入加、减法器实验电路。

电压相加、减运算是运放在模拟计算机中的一种主要应用。集成运放构成的加、减法器具有很高的运算精度和稳定性。

实验电路在同相输入端送 U_3、U_4 两路相加作为被减数的输入电压，在反相输入端送 U_1、U_2 两路相加再反相，作为减数的输入电压，同时进行加减运算。

总输出电压 U_o 的计算：根据相加点抑制原理，运放本身的输入电流为零，所以从信号源 U_1、U_2 流入电路中的电流全部流入电阻 R_F；从信号

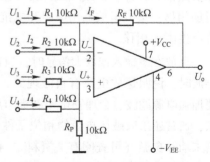

图 4-55 四路输入加、减法器实验电路

源 U_1、U_4 流入电路中的电流全部流入电阻 R_P，因此可写出电路方程为

① $\dfrac{U_1-U_-}{R_1}+\dfrac{U_2-U_-}{R_2}=\dfrac{U_--U_o}{R_F}$

② $\dfrac{U_3-U_+}{R_3}+\dfrac{U_4-U_+}{R_4}=\dfrac{U_+}{R_P}$

若所有电阻均相等，上述联立方程可解出

$$U_o=(U_3+U_4)-(U_1+U_2)$$

即当输入信号 U_1、U_2 为零时，$U_o=U_3+U_4$，这时电路是两输入加法器；当输入信号 U_3、U_4 为零时，$U_o=-(U_1+U_2)$，这时电路是反相输入加法器；若同相输入端和反相输入端各只输入一路信号（例如 U_2 和 U_4 为零），则 $U_o=U_3-U_1$，这时电路就成了两输入减法器。

4.6.4　基础实验

1. 同相交流放大器

（1）按图 4-53 连接同相交流放大器电路。

（2）正确连接直流双电源供电线路。$+V_{CC}=+12\text{ V}$ 接 μA741 的⑦脚，$-V_{EE}=-12\text{ V}$ 接 μA741 的④脚。

（3）静态测量集成运放各引脚电压值，填入表 4-18。

表 4-18　静态测量结果

引　脚	2	3	4	6	7
电压值/V					

对于双电源供电的运放放大电路，能否正常工作，除要正确接入正负电源电压外，还要检查运放的输出端⑥脚，在交流输入信号为 0 时，⑥脚直流电压 $=0\text{ V}$，若不为零，应排除故障后再进行下一步实验。

⑥脚直流电压 $\neq 0$ 的可能原因：电路中的连线或元件接错；连线不通；集成电路 μA741 损坏。

（4）动态测量放大器各项指标

在输入端加上交流信号（$U_i=200\text{ mV}$，$f=1\text{ kHz}$），在输出端用示波器观察输出波形，观察输出与输入是否相位相同，用毫伏表测量输出电压大小，并计算放大系数，测量该电路的输入电阻 R_i 和输出电阻 R_o（方法同单级阻容耦合放大器），同时测量通频带。将各项指标值填入表 4-19。

表 4-19　动态测量结果

输入 U_i	输出 U_o	A_u	R_i	R_o	f_L	f_H	$\Delta f=f_H-f_L$

使用中放大器无放大的可能原因是：μA741 外电路的电阻或连接线开路、连线或元件接错，集成电路 μA741 损坏。

（5）画出幅频特性曲线

2. 反相放大器

（1）按图 4-54 连接反相放大器电路，正确接入正负直流电源。

（2）静态测量集成运放各引脚电压值，填入表 4-20。

表 4-20　静态测量结果

引　　脚	2	3	4	6	7
电压值/V					

（3）动态测量

注意：当输入信号为可调直流电压时，用万用表直流电压档测量，并计算放大系数；当输入为交流信号时，用毫伏表测量输入、输出电压大小，计算放大系数，测量该电路的输入电阻 R_i 和输出电阻 R_o（方法同单级阻容耦合放大器），同时测量通频带，并注意观察输出与输入波形是否倒相。将各测量值填入表 4-21。

表 4-21　动态测量结果

输入 U_i	输出 U_o	A_u	R_i	R_o	f_L	f_H	$\Delta f = f_H - f_L$

3. 四路输入加、减法器

（1）按图 4-55 连接实验电路，正确接入正负直流电源。

（2）动态测量，将测量结果填入表 4-22。

表 4-22　加、减法器测量结果

输入信号 $U_i = 0.5\,V$、$f = 1\,kHz$		U_o		电路状态
		实测值	计算值	
$U_1 = U_2 = U_i$	$U_3 = U_4 = 0$			加法器 U_o、U_i 反相
$U_1 \neq U_3 = U_i$	$U_2 = U_4 = 0$			减法器
$U_3 = U_4 = U_i$	$U_1 = U_2 = 0$			加法器 U_o、U_i 同相
$U_1 = U_2 = U_3 = U_4 = U_i$				加、减法器

为使实验简化，可取各路输入信号相等，"+""−"端输入信号分别并联输入。注意：相加或相减总输出 U_o 应小于电源电压。

4.6.5　仿真实验

1. 在 Multisim 中组建集成运算放大器仿真电路

搭建集成运放线性应用电路，包括同相放大器、反相放大器和加减法器，如图 4-56 所示。

2. 同相交流放大器的放大系数和通频带仿真

如图 4-57 所示，可直接仿真出电路的输入输出波形、放大系数及通频带。如果要观察集成块各个引脚的直流电压，只需在每个引脚上接一个万用表进行分析测量即可。如果要测

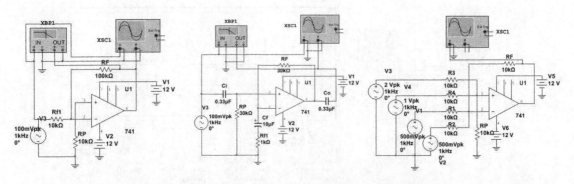

图 4-56　集成运放同相放大、反相放大、加减法器仿真电路

量同相放大电路的输入输出电阻，方法是在信号源接入处串一个采样电阻测输入电阻；在集成块的输出端（⑥脚）接负载电阻测电路的输出电阻。

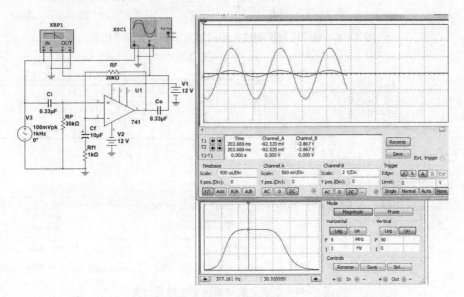

图 4-57　集成运放同相交流放大电路的放大系数和通频带仿真

3. 反相放大器的放大系数和通频带仿真

如图 4-58 所示，可直接仿真出电路的输入输出波形、放大系数及通频带。

由于反相放大器可以进行直流放大，电路中接入了调零电路，可采用静态或动态调零法对输出电压调零。如果要观察集成块各个引脚的直流电压，只需在每个引脚上接一个万用表进行分析测量即可。如果要测量同相放大电路的输入输出电阻，方法是在信号源接入处串一个采样电阻测输入电阻；在集成块输出端（⑥脚）接负载电阻测电路的输出电阻。

4. 加减法器仿真

如图 4-59 所示，根据要求改变加和减输入的信号，观察输出波形是否与理论值一致。由于是直流放大，电路中可以接入调零电路，可采用静态或动态调零法对输出电压调零。

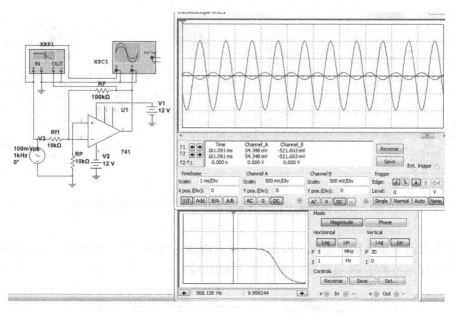

图 4-58　集成运放反相放大器的放大系数和通频带仿真

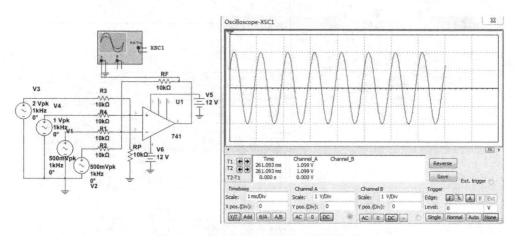

图 4-59　集成运放加减法器电路的仿真

4.6.6　设计实验

1. 反相放大器设计示例

已知条件：$+U_{CC} = +12\,V$，$-U_{EE} = -12\,V$。

要求：设计一个反相比例放大电路，可对交直流电压进行放大。

指标：$A_{uf} = 10$，$R_i \geqslant 5\,k\Omega$。

设计步骤：

反相比例放大电路如图 4-60 所示，输入信号 U_i 经电阻 R_1 直接耦合到运放的反相输入端，输出信号 U_o 的相位与 U_i 相反，构成并联电压负反馈放大器。运放可选用通用型集成运放。

由于 $A_{uf} = \dfrac{U_o}{U_i} = -\dfrac{R_F}{R_1}$，因此当 $A_{uf} = 10$ 时，即表明 R_F 和 R_1

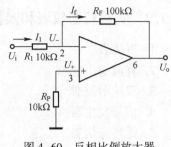

图 4-60　反相比例放大器

的比值为 10。注意反馈电阻 R_F 的值不能太大，否则会产生较大的噪声及漂移，一般为几十千欧～几百千欧，R_1 的取值应远大于信号源的内阻，可以根据放大器对输入电阻的要求来决定 R_1 的大小，再根据所要求的增益倍数来决定 R_1 和 R_F 的取值。因此本例中 R_1 取 $10\,k\Omega$，R_F 取 $100\,k\Omega$。平衡电阻 R_P 的取值一般会选：$R_P = R_1 // R_F$，本例中 R_P 取 $10\,k\Omega$。

2. 设计电路并组装、调整、测试各项指标

已知条件：$+U_{CC} = +12\,V$，$-U_{EE} = -12\,V$。

要求：设计一个同相交流放大电路。

指标：$A_{uf} = 50$，$R_i \geqslant 5\,k\Omega$。

4.6.7　预习要求

1. 复习有关集成运放应用方面的内容，加深理解与实验有关的各种应用电路的工作原理。

2. 复习运放主要参数的定义，了解通用运放 μA741 的主要参数数值范围。

3. 预习实验电路原理和指标测量方法。

4.6.8　实验报告要求

1. 画出完整的各个运放电路，标出各元件值。

2. 整理实验数据，填入相应表格并与理论值比较。

3. 用实验测试数据说明 "虚地" "虚短" 的概念，以及何时用 "虚地" 概念，何时用 "虚短" 概念来处理问题。

4. 回答思考题。

4.6.9　思考题

1. 测量失调电压时，观察电压表读数是否始终是一个定值？为什么？

2. 运放在实际应用当中，为防止操作错误造成损坏，要注意哪些问题？

3. 运放做精密放大时，同相输入端对地的直流电阻要与反相输入端对地的直流电阻相等，如果不相等，会引起什么现象？

4.7　集成运放在信号处理方面的应用

4.7.1　实验目的

1. 通过实验，学习电压比较电路、采样保持电路、有源滤波器电路的基本原理与电路形式，深入理解电路的分析方法。

2. 掌握以上各种应用电路的组成及其调试、测量方法。

4.7.2 实验仪器仪表和器材

1. 万用表   一块
2. 直流稳压电源   一台
3. 双踪示波器   一台
4. 信号发生器   一台
5. 低频毫伏表   一台
6. 模拟电子电路实验箱   一台

4.7.3 实验电路和原理

在测量和自动控制系统中，经常用到信号处理电路，例如：电压比较电路、采样保持电路、有源滤波器电路等。

1. 过零（无滞后）电压比较器

电压比较器是一种能进行电压幅度比较和幅度鉴别的电路，它能够根据输入信号是大于还是小于参考电压而改变电路的输出状态。这种电路能把输入的模拟信号转换为输出的脉冲信号。它是一种模拟量到数字量的接口电路，广泛用于模/数转换、自动控制和自动检测等技术领域，以及波形产生和变换等场合。

用运放构成的电压比较器有多种类型，最简单的是过零电压比较器。在这种电压比较器中，运放应用在开环状态，只要两个输入端的电压稍有不同，则输出或为高电平或为低电平。常规应用中是在一个输入端加上门限电压（比较电平）作为基准，在另一个输入端加入被比较信号 U_i。

图 4-61 是电压比较器原理电路。参考电压 U_R 加于运放 A 的反相输入端，U_R 可以是正值，也可以是负值。而输入电压加于运放 A 的同相输入端，这时运放 A 处于开环状态，具有很高的电压增益，其传输特性如图 4-62 所示。

当输入电压 U_i 略小于参考电压 U_R 时，输出电压为负饱和电压值 $-U_{om}$；

当输入电压 U_i 略大于参考电压 U_R 时，输出电压为正饱和电压值 $+U_{om}$，它表明输入电压 U_i 在参考电压 U_R 附近有微小变化时，输出电压 U_o 将在正饱和电压值和负饱和电压值之间变化。

如果将参考电压和输入信号的输入端互换，则可得到比较器的另一条传输特性，如图 4-62 中虚线所示。

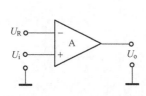   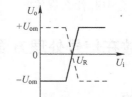

图 4-61   电压比较器原理图   图 4-62   电压比较器传输特性

2. 迟滞电压比较器

图 4-63 是一种迟滞电压比较器。R_F 与 R_2 组成正反馈电路，VZ 为双向稳压管，用来限

定输出电压幅度（也可不接 VZ，输出端接电阻分压电路）。

图 4-64 为迟滞电压比较器波形图，当 U_i 超过或低于门限电压时，比较器的输出电位就发生转换。因此输出电压的状态可标志其输入信号是否达到门限电压。

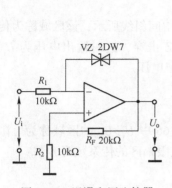

图 4-63　迟滞电压比较器

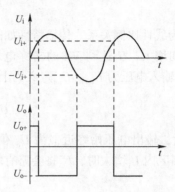

图 4-64　迟滞电压比较器波形图

同相输入端 $\pm U_{i+}$ 电压为门限电压，当 $U_i > U_{i+}$ 时，则 $U_{i+} = \dfrac{R_2}{R_F + R_2} U_{o-}$；而当 $U_i < U_{i+}$ 时，

$-U_{i+} = \dfrac{R_2}{R_F + R_2} U_{o+}$。

$\pm U_{i+}$ 之间的差值电压为该电压比较器的滞后范围，当输入信号大于 U_{i+} 或小于 $-U_{i+}$ 时都将引起输出电压翻转。

由图可知 $U_{o+} \approx U_Z + \dfrac{R_2}{R_F + R_2} U_{o+}$，经整理可得 $U_{o+} \approx U_Z \left(1 + \dfrac{R_2}{R_F}\right)$，同理可得 $U_{o-} \approx$

$-U_Z \left(1 + \dfrac{R_2}{R_F}\right)$。上述关系式说明电压比较器具有比较、鉴别电压的特点。利用这一特点可使电压比较器具有整形的功能。例如：将一正弦信号送入电压比较器，其输出便成为矩形波，如图 4-64 所示。

3. 双向限幅器

图 4-65 为双向限幅器实验电路，R_1、R_2、R_F 组成反向比例放大电路，VZ 为双向稳压管，起限幅作用。图 4-66 为限幅器的传输特性。信号从运放的反相输入端输入，参考电压为零，从同相端输入。

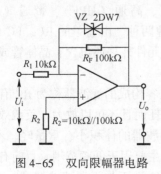

图 4-65　双向限幅器电路

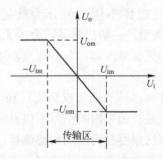

图 4-66　限幅器传输特性

当输入信号 U_i 较小，U_o 未达到稳压管击穿电压时，稳压管呈现高反向电阻，故该电路处于反相比例放大状态，此时传输系数为

$$A_{uf} = -\frac{R_F}{R_1}$$

U_o 与 U_i 为线性比例关系。传输特性如图 4-66 中间斜线所示，该区域称为传输区。

当 U_i 正向增大，U_o 达到 VZ 的击穿电压时，VZ 击穿，这时输出电压为 U_{om}，$U_{om} = U_Z$。与 U_{om} 对应的输入电压为 U_{im}。U_{im} 定义为上限幅门限电压。

$$U_{im} = \frac{R_1}{R_F} U_Z$$

$U_i > U_{im}$ 后，输出电压始终近似为 U_{om} 值，图 4-66 中 $U_i > U_{im}$ 的区域称为上限幅区。实际上，在上限幅区内 U_i 增大时，U_o 将会略有增大。上限幅区的传系数为 A_{uf+}。

$$A_{uf+} = -\frac{r_{VZ}}{R_1}$$

式中，r_{VZ} 为 VZ 击穿区的动态等效内阻，因 $R_F \gg r_Z$，故 $A_{uf+} \ll A_{uf}$。

当 U_i 负向增大时，用类似的方法，可求得下限幅门限电压为

$$U_{im} = \frac{R_1}{R_F} U_{VZ}$$

相应的输出电压为 $U_{om} = U_{VZ}$。在下限幅区内传输系数为

$$A_{uf-} = -\frac{r_{VZ}}{R_1}$$

同理 $A_{uf-} \ll A_{uf}$。限幅器的限幅特性可用限幅系数来衡量，它定义为传输区与限幅区的传输系数之比，记为 A，上下限幅区的限幅系数分别为

$$A_+ = \frac{A_{uf}}{A_{uf+}} = \frac{R_F}{r_{VZ}} \quad A_- = \frac{A_{uf}}{A_{uf-}} = \frac{R_F}{r_{VZ}}$$

显然，A_+、A_- 越大，相应的限幅性能越好。

4. 有源滤波器

由 RC 元件与运放组成的滤波器称为 RC 有源滤波器，其功能是让一定频率范围内的信号通过，抑制或急剧衰减此频率范围以外的信号。

RC 有源滤波器可用于信号处理、数据传输、干扰抑制等方面。因受运算放大器频带宽度限制，这类滤波器主要用于低频范围，最高工作频率只能达到 1 MHz 左右。根据滤波器对信号频率范围的选择不同，可分为低通（LPF）、高通（HPF）、带通（BPF）和带阻（BEF）等四种类型。一般滤波器可分为无源和有源两种。由简单的 RC、LC 或 RLC 元件构成的滤波器称作无源滤波器；有源滤波器除有上述元件外，还包含有晶体管或集成运放等有源器件。

由有源器件（晶体管或集成运放）和电阻、电容构成的滤波器称为 RC 有源滤波器，这类滤波器的优点是：通带内的信号不仅没有能量损耗而且还可以放大，负载效应不明显，利用级联的简单方法很容易构成高阶滤波器，并且滤波器的体积小、重量轻、不需要磁屏蔽。缺点是由于受运算放大器的带宽限制，这类滤波器主要用于低频范围，目前有源滤波器的最高工作频率不是很高，并且需要直流电源供电，可靠性不如无源滤波器高，在高压、高频、

大功率的场合不适用。有源滤波器还分为一阶、二阶和高阶滤波器，阶数越高，滤波电路幅频特性过渡带内曲线越陡，形状越接近理想。

（1）有源低通滤波器（LPF）

低通滤波器用来通过低频信号，抑制或衰减高频信号。它由两级 RC 滤波环节和同相比例运放电路组成，其中第一级电容 C_1 接至输出端，引入适量的正反馈，以改善幅频特性。图 4-67 为典型的二阶有源低通滤波器实验电路和幅频特性曲线。

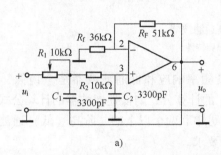
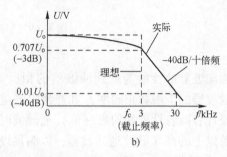

图 4-67　二阶有源低通滤波器

a）电路　b）幅频特性

图中 C_1 的下端接至电路的输出端，其作用是改善在 $\omega/\omega_c = 1$ 附近的滤波特性，这是因为在 $\omega/\omega_c \leqslant 1$ 且接近 1 的范围内，u_o 与 u_i 的相位差 90° 以内，C_1 起正反馈作用，因而有利于提高这段范围内的输出幅度。

该电路传递函数为

$$A_u(j\omega) = \frac{U_o(j\omega)}{U_i(j\omega)} = \frac{A_{uo}}{\left(\dfrac{j\omega}{\omega_o}\right)^2 + \dfrac{1}{Q}\dfrac{j\omega}{\omega_o} + 1}$$

式中可得出滤波器的性能指标（$R_1 = R_2 = R$、$C_1 = C_2 = C$、$Q = 0.707$）如下。

通带增益：$A_{uo} = 1 + \dfrac{R_F}{R_f}$；截止角频率：$\omega_o^2 = \dfrac{1}{R_1 R_2 C_1 C_2}$。

品质因数：$Q = \dfrac{1}{3 - A_{uo}}$；截止频率：$f_c = \dfrac{1}{2\pi\sqrt{R_1 R_2 C_1 C_2}} = \dfrac{1}{2\pi RC}$。

不同 Q 值的滤波器，其幅频特性曲线不同，如图 4-68 所示。

若电路设计使 $Q = 0.707$，即 $A_{uo} = 3 - \sqrt{2}$，则该滤波电路的幅频特性在通带内有最大平坦度，称为巴特沃兹（Butterworth）滤波器。2 阶有源低通滤波器通带外的幅频特性曲线以 -40 dB/十倍频程衰减。

若电路的幅频特性曲线在截止频率附近一定范围内有起伏，但在过渡带幅频特性衰减较快，称为切比雪夫（Chebyshev）型滤波电路。

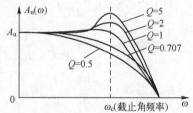

图 4-68　幅频特性与 Q 值的关系

（2）有源高通滤波器（HPF）

高通滤波器用来通过高频信号，抑制或衰减低频信号。只要将图 4-67 低通滤波器电路中起滤波作用的电阻、电容互换，即可变成有源高通滤波器，如图 4-69 所示。

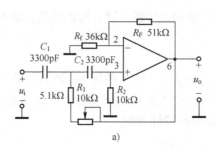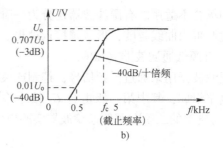

图 4-69　二阶高通滤波器

a）电路　b）幅频特性

高通滤波器的性能与低通滤波器的相反，其频率响应和低通滤波器是"镜像"关系。该高通滤波器的下限截止频率 f_c 和通带内增益 A_u 的计算公式与低通滤波器的计算公式相同。当需要设计衰减特性更好的高（低）通滤波时，可串联两个以上的二阶高（低）通滤波器，组成四阶以上的高（低）通滤波器，以满足设计要求。

（3）有源带通滤波器（BPF）

带通滤波器用来通过某一频段的信号，并将此频段以外的信号加以抑制或衰减。含有集成运放的有源带通滤波器实验电路如图 4-70 所示。

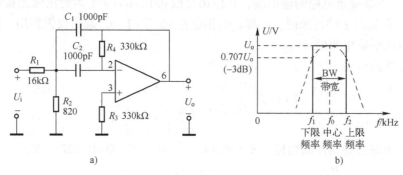

图 4-70　二阶带通滤波器

a）电路　b）幅频特性

带通滤波器主要指标计算公式：

通带内增益 $A_u = \dfrac{R_3}{2R_1}$；

通带中心频率 $f_0 = \dfrac{1}{2\pi C} \sqrt{\dfrac{1}{R_3}\left(\dfrac{1}{R_1}+\dfrac{1}{R_2}\right)}$、（$C_1 = C_2 = C$）；

品质因数 $Q = \dfrac{2\pi f_0}{B} = \dfrac{1}{2}\sqrt{R_3\left(\dfrac{1}{R_1}+\dfrac{1}{R_2}\right)}$。

4.7.4　基础实验

按实验内容要求连接实验电路，各实验电路的电源电压选择均为：±12 V。

1. 迟滞电压比较器

实验电路如图 4-63 所示，接通电路后，输入信号为 1 kHz 正弦波，用示波器观察并记录输入与输出波形。逐渐增大输入信号 U_i 的幅度，以得到输出电压 U_o 为整形后的矩形波；改变输入信号的频率，再用示波器观察输出电压波形，记录并分析两者间的关系。

2. 测量限幅器传输特性

1）双向限幅器实验电路，如图 4-65 所示，使 U_i 在 0 ~ ±2 V（直流）间变化，逐点测量 U_o 值，绘制传输特性曲线。

2）使输入信号 U_i 为 1 kHz 正弦波，并逐步增大幅度，其有效值从 0 V 增加到 1 V；观察和记录 U_i 和限幅后的 U_o 波形。

3. 测量滤波器幅频特性曲线

1）分别连接相应的低通滤波器实验电路（见图 4-67）、高通滤波器实验电路（见图 4-69），实验电路采用直流双电源 ±12 V 供电，进行静态测量。

2）动态测量

调整 R_1 电位器至 10 kΩ，输入端送 500 Hz 左右的正弦信号，输入信号幅度只要不使输出波形失真即可，测量其通带放大系数，并测量其频止频率 f_c，记录于表 4-23 中。

改变输入信号频率，同时用低频毫伏表测量输出信号有效值，分别记录通带内（500 Hz）的输出信号的大小为 A 和 $10f_c$ 时输出信号的大小 B，计算衰减速率。

$$衰减速率 = \left(20\lg\frac{B}{A}\right)\text{dB/十倍频}$$

表 4-23　动态测量结果

输入 U_i	输出 U_o (A)	A_u	f_c	B	衰减速率

3）绘制滤波器的幅频特性曲线，标出对应的频率和幅度。在测高通滤波器幅频特性时需要注意的是：随着频率的升高，信号发生器的输出幅度可能下降，从而出现滤波器的输入信号 U_i 和输出信号 U_o 同时下降的现象。这时应调整输入信号 U_i 使其保持不变。测高频端电压增益时也可能出现增益下降的现象，这主要是集成运放高频响应或截止频率受到限制而引起的。

4.7.5　仿真实验

1. 过零（无滞后）电压比较器仿真

如图 4-71 所示，先在 Multisim 中搭建好电路，再设置好输入信号的幅度，然后进行仿真。

2. 迟滞电压比较器仿真

如图 4-72 所示，先在 Multisim 中搭建好电路，再设置好输入信号的幅度，最后进行仿真。仿真中用了两个稳压管 BZX84-B6V2 来代替 2DW7，作用是相同的。

3. 双向限幅器仿真

如图 4-73 所示，先在 Multisim 中搭建好电路，再设置好输入信号的幅度，最后进行仿真。仿真中用了两个稳压管 BZX84-B6V2 来代替 2DW7，作用是相同的。

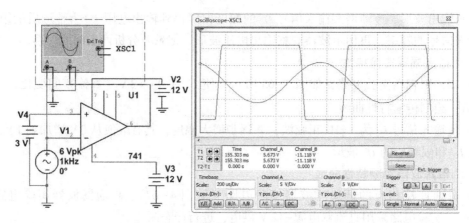

图 4-71　集成运放过零（无滞后）电压比较器仿真

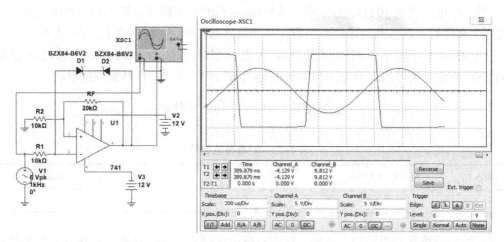

图 4-72　集成运放迟滞比较器仿真

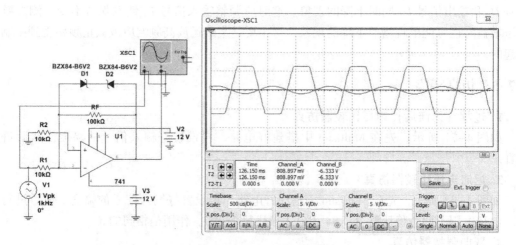

图 4-73　集成运放双向限幅器

4. 有源低通滤波器（LPF）仿真

如图 4-74 所示，先在 Multisim 中搭建好电路，再进行仿真，调电位器可观察到通带内的变化。移动扫频仪中的测试线可以直接测量通带的各项指标。

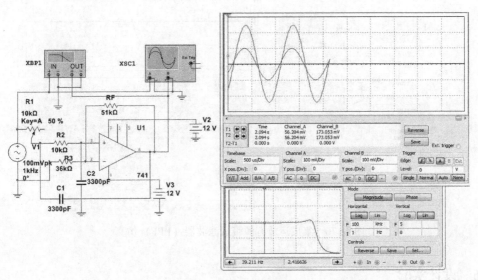

图 4-74　集成运放有源低通滤波器（LPF）仿真

5. 有源高通滤波器（HPF）仿真

如图 4-75 所示，先在 Multisim 中搭建好电路，再进行仿真，调电位器可观察到通带内的变化。移动扫频仪中的测试线可以直接测量通带的各项指标。为了消除自激，仿真中在反馈支路上并了 1 μF 的电容。在频率很高时，电路的增益会下降，这是由集成运放有限的截止频率造成，更换理想运放或更高速的运放会消除或缓解这种高频增益下降的现象。

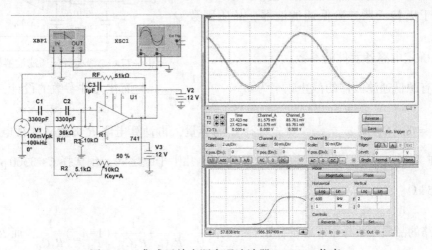

图 4-75　集成运放有源高通滤波器（HPF）仿真

6. 有源带通滤波器（BPF）仿真

如图 4-76 所示，先在 Multisim 中搭建好电路，再进行仿真，调电位器可观察到通带内的变化。移动扫频仪中的测试线可以直接测量通带的各项指标。

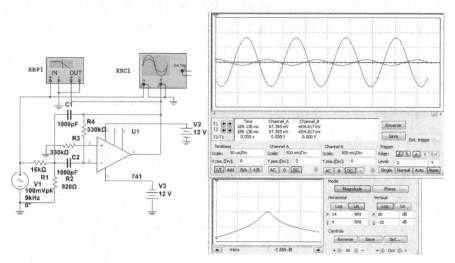

图 4-76 集成运放有源带通滤波器 (BPF) 仿真

4.7.6 设计实验

1. 有源低通滤波器设计示例

已知条件：集成运放选用 μA741，采用巴特沃斯型滤波器

要求：设计一个二阶有源低通滤波器。

指标：截止频率 f_c = 5 kHz。

设计步骤：

（1）确定二阶有源低通滤波器电路形式如图 4-77 所示。对于巴特沃斯二阶低通滤波器，品质因数 Q 取 0.707。

（2）确定电路各元件的参数。

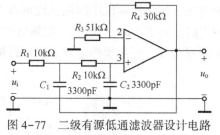

图 4-77 二级有源低通滤波器设计电路

二阶有源低通滤波器的截止频率为 $\omega_c = \dfrac{1}{\sqrt{R_1 R_2 C_1 C_2}}$，为简化元件参数的设计，定义 $R_1 = R_2 = R$，$C_1 = C_2 = C$，则 $\omega_c = \dfrac{1}{RC}$，可先选择 C 的容量，再计算电阻 R 的值。通常电容 C 的容量应在 μF 数量级以下，R 的值一般约为几百欧~几十千欧之间，现选择 C = 3300 pF，则 $R = \dfrac{1}{\omega_c C} = 9.65 \text{ k}\Omega$。

该电路的品质因数与通带增益有如下关系：$\dfrac{\omega_c}{Q} = \dfrac{1}{R_1 C_1} + \dfrac{1}{R_2 C_1} + (1 - A_{uo})\dfrac{1}{R_2 C_1}$，而 $R_1 = R_2 = R$，$C_1 = C_2 = C$，则 $Q = \dfrac{1}{3 - A_{uo}}$，将 Q = 0.707 代入计算得 A_{uo} = 1.586。由于 $A_{uo} = 1 + \dfrac{R_4}{R_3}$，计算出 $R_4 = 0.586 R_3$，又由于运算放大器两输入端的电阻必须保持平衡，故有 $R_3 // R_4 = R_1 + R_2 = 21.2 \text{ k}\Omega$，因此计算出 $R_4 = 33.6 \text{ k}\Omega$，$R_3 = 57.4 \text{ k}\Omega$。

全部元件参数为：$R_1 = R_2 = 10\,\text{k}\Omega$，$C_1 = C_2 = 3300\,\text{pF}$，$R_3 = 51\,\text{k}\Omega$，$R_4 = 30\,\text{k}\Omega$。

2. 设计电路并组装、调整、测试各项指标

已知条件：集成运放选用 μA741，采用巴特沃斯型滤波器。

要求：设计一个二阶有源高通滤波器。

指标：截止频率 $f_c = 3\,\text{kHz}$。

4.7.7　预习要求

1. 阅读实验教材，理解各实验电路的工作原理。

2. 复习有关集成运放在信号处理方面应用的内容，弄清与本次实验有关的各种应用电路及工作原理。

4.7.8　实验报告要求

1. 实验报告中应有完整的实验电路，并标注各元件数值和器件型号；整理实验数据，画出对应的波形，画出所测电路的幅频特性曲线，计算截止频率、中心频率和带宽，并对实验结果进行分析。

2. 小结实验中的问题和体会。

3. 回答思考题。

4.7.9　思考题

1. 如何区别低通滤波器的一阶、二阶电路？它们有什么相同点和不同点？它们的幅频特性曲线有什么区别？

2. 总结有源滤波器电路的特性；总结运放使用注意事项。

3. 对实验中遇到的问题进行分析研究。

4.8　集成运放在波形产生方面的应用

4.8.1　实验目的

1. 学习用集成运放组成方波、三角波发生器的方法。

2. 观测方波、三角波发生器的波形、幅度和频率。

3. 通过设计正弦波变三角波电路，进一步熟悉波形变换电路的工作原理及参数计算和测试方法。

4.8.2　实验仪器仪表和器材

1. 万用表　　　　　　　　　　　　一块

2. 直流稳压电源　　　　　　　　　一台

3. 双踪示波器　　　　　　　　　　一台

4. 低频毫伏表　　　　　　　　　　一台

5. 模拟电子电路实验箱　　　　　　一台

4.8.3　实验电路和原理

在电子技术应用电路中，广泛应用各种波形产生电路，波形产生电路在组成和参数选择上必须保证自激振荡，从而为电子电路设备提供正弦波和非正弦波。

1. 正弦波发生器

正弦波发生器又称正弦波振荡电路，产生正弦波振荡的电路形式一般有 LC、RC 和石英晶体振荡器三类。LC 振荡器适宜于几 kHz～几百 MHz 的高频信号；石英晶体振荡器能产生几百 kHz～几十 MHz 的高频信号且稳定度高；RC 振荡器适用于产生几百 Hz 的信号。RC 振荡电路又分为文氏桥振荡电路、双 T 网络式和移相式振荡电路等类型。

本次实验只讨论文氏桥振荡电路，它是正弦波振荡电路中最简单的一种。其原理电路如图 4-78 所示，该电路由两部分组成，即放大电路 A_u 和选频网络 F_u（也是正反馈网络），如图 4-79 所示。F_u 由 Z_1、Z_2 组成。电阻 R_1 和 R_2 组成负反馈电路，当运放具有理想特性时，振荡条件主要由这两个反馈回路的参数决定。

图 4-78 中去掉正反馈网络后，运放 A 组成一个同相比例放大器，其增益和相角分别为

$$A(\omega) = 1 + \frac{R_F}{R_f} \qquad \varphi_A(\omega) = 0^0$$

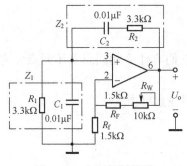

图 4-78　文氏桥振荡器

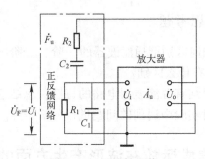

图 4-79　正反馈网络

图 4-78 中用虚线框所表示的 RC 串并联网络具有选频作用，它的频率响应是不均匀的。其中 $R_1 = R_2 = R$、$C_1 = C_2 = C$，由图 4-78 可知

$$Z_1 = R // \frac{1}{j\omega C} \qquad Z_2 = R + \frac{1}{j\omega C}$$

反馈网络的频率特性

$$\dot{F}_u(\omega) = \frac{\dot{U}_i}{\dot{U}_o} = \frac{Z_2}{Z_1 + Z_2} = \frac{1}{3 + j\left(\omega CR - \frac{1}{\omega CR}\right)}$$

如果令 $\omega_0 = \frac{1}{RC}$，则上式可表示为

$$\dot{F}_u(\omega) = = \frac{1}{3 + j\left(\frac{\omega}{\omega_0} - \frac{\omega_0}{\omega}\right)}$$

当 $\omega = \omega_0 = \dfrac{1}{RC}$ 或 $f = f_0 = \dfrac{1}{2\pi RC}$（电路的振荡频率）时，正反馈系数和正反馈网络相移如下，其幅频特性和相频特性如图 4-80 所示。

$$F_u(\omega) = \frac{1}{3} \quad \varphi_F(\omega) = 0^0$$

若能使运放 A_u 的值略大于 3，即满足起振的振幅值条件和相位条件分别为

$$A_u F_u > 1 \quad \varphi_A + \varphi_F = 0^0$$

还可以写成

$$f = f_0 = \frac{1}{2\pi RC} \quad R_F > 2R_f \text{（其中 } R_F = R_W + 1.5\,\text{k}\Omega\text{）}$$

即起振条件：放大器需有大于 3 倍的增益，$\omega = \omega_0 = 1/RC$，输入阻抗足够高，输出阻抗足够低，以免放大器对网络选频特性有影响。运放容易满足这个要求。

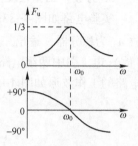

图 4-80　反馈网络的幅频和相频特性

2. 方波信号发生器

图 4-81 为方波信号发生器实验电路，R_1、R_F 组成正反馈电路，R、C 为充放电元件，R_2、R_3 为输出分压电路。

图 4-82 为方波发生器工作波形，输出电压为 U_o 时，同相输入端电压为

$$U_+ = \frac{R_1}{R_1 + R_F} U'_o$$

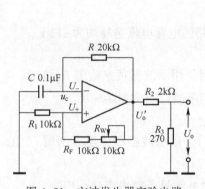

图 4-81　方波发生器实验电路

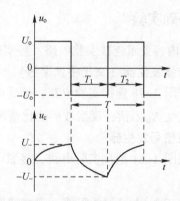

图 4-82　方波发生器波形

反相端的电压与同相端的电压进行比较，输出电压 U_o 通过 R 向 C 充电，使反相输入端电位 U_- 逐渐升高，当 C 上充电的电压使 $U_- \geqslant U_+$ 时，运放输出电压迅速翻转为 $-U_o$ 值，同时同相输入端电位为

$$U_+ = -\frac{R_1}{R_1 + R_F} U'_o$$

电路翻转后，电容 C 通过 R 放电，使反向输入端电位 U_- 逐渐下降，反相端的电压与同相端的电压进行比较，当 $U_- \leqslant U_+$ 时，电路又发生翻转，运放输出电压又变为 U_o，如此循环，电路形成振荡，输出便产生连续的方波信号。

方波输出信号周期为

$$T=T_1+T_2=2RC\times\ln\left(1+\frac{2R_1}{R_F}\right)\approx 2RC$$

改变 R 或 R_1/R_F 比值的大小，就能调节方波信号周期 T。

3. 方波、三角波发生器

实验电路如图4-83a所示。运放 A_1 接成同相输入迟滞电压比较器形式，输出方波；运放 A_2 为积分器，输出三角波。在第二级的输入信号不变的情况下，积分电容 C 是恒流充（放）电。图中两级电路联成正反馈，两者首尾相连构成一个闭环，使整个电路自激振荡。电路的工作波形如图4-83b所示，由此可计算出振荡周期为

$$T=4RC\frac{R_1}{R_F}\quad(R_F=R_W+R_2)$$

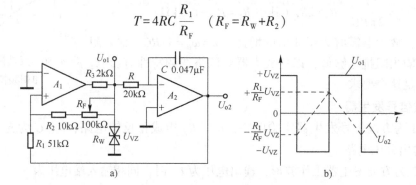

图4-83　方波、三角波发生器

4.8.4　基础实验

按实验内容要求连接实验电路，各实验电路的电源电压选择均为±12 V。

1. 正弦波发生器（文氏桥振荡器）

（1）按图4-78连接实验电路，接通电源后，用示波器观察输出 U_o 波形。

（2）改变 R_W 阻值，观察波形变化情况，用示波器测出振荡频率。

2. 方波信号发生器

（1）按图4-81连接实验电路，接通电源后，用示波器测量电容两端 U_C 的波形和输出 U_o 的波形。

（2）改变 R_W 电位器的阻值，观察波形变化并测量其频率变化范围。

3. 三角波发生器

按图4-83a连接实验电路，接通电源后，调节 R_W 的阻值，用示波器观察运放 A_1 输出 U_{o1} 方波和运放 A_2 输出 U_{o2} 的三角波。

4.8.5　仿真实验

1. 正弦波发生器仿真

如图4-84所示，先在 Multisim 中搭建好电路，再进行仿真。需注意电位器调节对输出波形的影响。

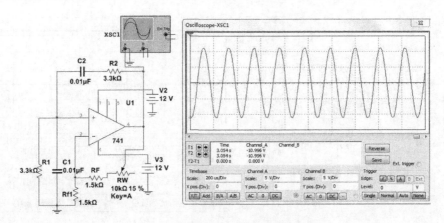

图 4-84　集成运放正弦波发生器仿真

2. 方波信号发生器仿真

如图 4-85 所示，先在 Multisim 中搭建好电路，再进行仿真。

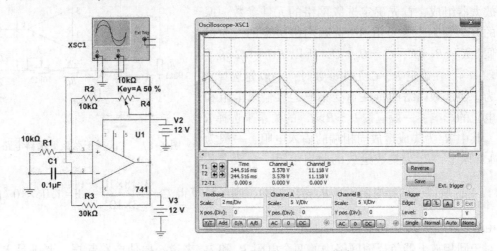

图 4-85　集成运放方波信号发生器仿真

3. 方波、三角波发生器仿真

如图 4-86 所示，先在 Multisim 中搭建好电路，再进行仿真。仿真中用了两个稳压管 BZX84-B6V2。

4.8.6　设计实验

1. 文氏桥正弦波振荡器设计示例

已知条件：集成运放选用 μA741。

要求：设计一个基本文氏桥正弦波振荡器。

指标：振荡频率 $f_o = 5\,\text{kHz}$。

设计步骤：

（1）确定基本文氏桥正弦波振荡器电路形式如图 4-87 所示电路。

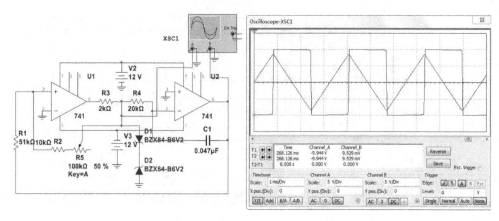

图 4-86 集成运放方波、三角波发生器仿真

（2）确定元件参数

基本文氏桥正弦波振荡器电路由选频网络和一个同相放大器组成，首先确定选频网络的元件参数。振荡器的振荡频率主要是由 RC 选频网络决定的，为设计方便，$R_1 = R_2 = R$，$C_1 = C_2 = C$，所以 $RC = 1/2\pi f_0 = 3.18 \times 10^{-5}$ s。在确定 R、C 元件参数时，一般先选择 R 值，为了使选频网络的特性不受集成运放输入电阻和输出电阻的影响，一般应按 $R_i \gg R \gg R_o$ 的关系来选择 R 的值。其中 R_i 为集成运放同相端的输入电阻，一般为几百 kΩ 以上；R_o 为集成运放的输出电阻，一般在几

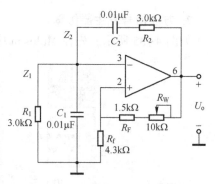

图 4-87 文氏桥正弦波振荡器电路

百 Ω 以下，所以，选择电阻 $R_1 = R_2 = R = 3\,\mathrm{k\Omega}$，则经计算得 $C = \dfrac{3.18 \times 10^{-5}}{3 \times 10^3}\,\mu\mathrm{F} = 1.06 \times 10^{-2}\,\mu\mathrm{F}$，选择电容 $C_1 = C_2 = C = 0.01\,\mu\mathrm{F}$。

对于同相放大器负反馈网络中的两个电阻 R_f 和 R_F 来说，要使电路起振，要满足 R_F 应略大于 $2R_f$，通常取 $R_F = 2.1R_f$，这样既能保证起振，又不致引起严重的波形失真。为了减小集成运放输入失调电流及其漂移的影响，还应尽量满足 $R = R_f // R_F$ 的直流平衡条件。由 $R_F = 2.1R_f$，$R = R_f // R_F$ 可求出 $R_f = \dfrac{3.1}{2.1}R = 4.42\,\mathrm{k\Omega}$，选择电阻 $R_3 = 4.3\,\mathrm{k\Omega}$；$R_F = 2.1R_3 = 9.03\,\mathrm{k\Omega}$。在电路图中，$R_F$ 为一可变电阻和一固定电阻（1.5 kΩ）之和，避免当可变电阻调到 0 时不起振，可变电阻选择为 10 kΩ 电位器，需要通过实验来调整。

全部参数为：$R_1 = R_2 = R = 3\,\mathrm{k\Omega}$，$R_f = 4.3\,\mathrm{k\Omega}$，$R_F$ 为 10 kΩ 电位器和 1.5 kΩ 电阻之和，$C_1 = C_2 = C = 0.01\,\mu\mathrm{F}$。

2. 设计电路并组装、调整、测试各项指标

已知条件：集成运放选用 μA741。

要求：设计一个文氏桥正弦波振荡器。

指标：振荡频率 $f_0 = 1\,\mathrm{kHz}$。

4.8.7 预习要求

1. 复习教材中有关集成运放在波形产生方面应用的内容。
2. 参阅理论教材中有关"振荡器起振条件"的内容。
3. 根据实验电路所选参数，估算输出波形的幅值和频率。

4.8.8 实验报告要求

1. 画出实验电路图。
2. 整理实验数据，画出波形图。
3. 小结实验中的问题和体会。
4. 回答思考题。

4.8.9 思考题

1. 文氏振荡器最高频率受哪些因素限制？调 R_W 对振荡器频率有无影响？
2. 如何将方波、三角波发生器电路进行改进，产生占空比可调的矩形波和锯齿波信号？

4.9 OTL 功率放大电路

4.9.1 实验目的

1. 了解由分立元件组成的 OTL 功率放大器的工作原理，静态工作点的调整和测试方法。
2. 学会测量功放电路的主要性能指标。
3. 观察自举电容的作用。

4.9.2 实验仪器仪表和器材

1. 万用表   一块
2. 直流稳压电源   一台
3. 双踪示波器   一台
4. 信号发生器   一台
5. 低频毫伏表   一台
6. 模拟电子电路实验箱   一台

4.9.3 实验电路和原理

1. 分立元件功率放大器概述

多级放大器的最后一级一般总是带有一定的负载，如扬声器、继电器、电动机等，这就需要多级放大器的最后一级输出有一定的功率，所以，功率放大器需对前面电压放大的信号进行功率放大，使负载能正常工作，这种以输出功率为主要目的的放大电路称为功率放大器。

功率放大器按输出级静态工作点的位置不同，可分为甲类、乙类和甲乙类三种。甲类功放的静态工作点在交流负载线的中点，其最大工作效率只有 50%；乙类功放的静态工作点设在交流负载线与横坐标轴的交点上，最大工作效率可达 78.5%；甲乙类功放的静态工作点设在截止区以上，静态时有不大的电流过输出管，可克服输出管死区电压的影响，消除交越失真。

如果按照输出级与负载之间的耦合方式不同，甲乙类功放又可分为电容耦合（OCT 电路）、直接耦合（OCL 电路）和变压器耦合三种。

传统的功率放大输出级常采用变压器耦合方式，其优点是便于实现阻抗匹配，但由于变压器体积庞大，比较笨重，而且在低频和高频部分产生相移，使放大电路在引入负反馈时容易产生自激振荡，所以目前的发展趋势倾向于采用无输出变压器的 OTL 或 OCL 功放电路。

2. OTL 功率放大器电路

图 4-88 为 OTL 功放实验电路，图中 VT_1 为前置兼电压放大，VT_2、VT_3 是用锗材料做成的 NPN 和 PNP 型异型晶体管，它们组成输出级，R_{W1} 是级间反馈电阻，形成直、交流电压并联负反馈。

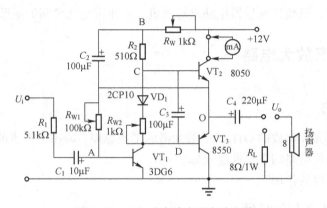

图 4-88　OTL 功率放大器实验电路

静态时，调节 R_{W1} 使输出端 VT_2、VT_3 发射极电位为 $1/2E_C$，并且由负反馈的作用使 VT_2、VT_3 的发射极电位稳定在这个数值上，此时，耦合电容 C_4 和自举电容 C_2 上的电压都将充电到接近 $1/2E_C$。

VT_1 通过 R_{W1} 取得直流偏置，其静态工作点电流 I_{C1} 流经 R_{W2} 所形成的电压降 $VR_{W2} \approx 0.2\,V$，作为 VT_2 和 VT_3 的偏置电压，使输出级工作在甲乙类。

C_2 和 R_{W1} 组成自举电路，目的是在输出正半波时，利用 C_2 上电压不能突变的原理，使 C_2 正极的电位始终比 VT_2、VT_3 的发射极电位高 $1/2E_C$，以保证 VT_2、VT_3 的发射极电位上升时仍能充分导通。

R_2 是 VT_1 的负载电阻，它的大小将影响电压放大系数。当有输入信号时 VT_1 集电极输出放大了的电压信号，其正半周使 VT_2 趋向导通，VT_3 趋向截止，电流由 $+E_C$ 经 VT_2 的集、射极通过 C_4（自上而下）流向负载电阻 R_L，并给 C_4 充电。在负半周时，VT_3 趋向导通，C_4 放电，电流通过 VT_3 的发射极和集电极反向（自下而上）流过负载电阻 R_L。因此，在 R_L 上形成完整的正弦波形，如图 4-89 所示。

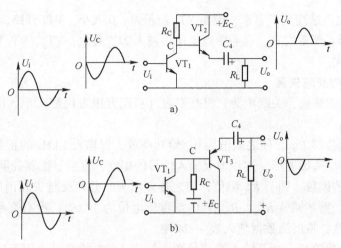

图 4-89　OTL 功率放大电路工作波形图

a) 正半周　b) 负半周

图 4-89 中 $R_C = R_2 + R_{W2}$，R_2 与 R_{W2} 相比阻值不应该太大，否则将造成 VT_2 和 VT_3 交流激励电压大小不一，使输出波形失真。解决的办法是在 VT_2 和 VT_3 的基极上并一电容 C_3，造成交流短路，以便使 VT_2 和 VT_3 的交流电压完全对称。

如果忽略输出晶体管饱和电压降的影响，当交流信号足够大时，负载 R_L 上最大输出电压的幅值为 $1/2E_C$，因此最大输出功率为

$$P_{omax} = \left(\frac{E_C}{2\sqrt{2}}\right)^2 / R_L = \frac{1}{8}E_C^2 / R_L$$

每管的最大管耗为

$$P_{VTmax} \approx 0.2P_{omax}$$

电源供给功率为

$$P_E = \frac{2}{\pi}\frac{\left(\frac{1}{2}E_C\right)^2}{R_L}$$

该电路的最大效率为

$$\eta = \frac{P_{omax}}{P_E} = 78.5\%$$

由上式可知：输出管的管耗正比于输出功率。当要求输出功率很大时，管耗也必然很大，这时必须选择大功率管作为输出管，但选择特性完全一样的大功率配对管较困难，所以常常选用复合管作为输出管来达到一定输出功率的要求。

4.9.4　基础实验

1. 按 OTL 功率放大器实验电路，按图 4-88 正确接线

2. 调整静态工作点

R_{W2} 调至最小值，调整 R_{W1}（100 kΩ）和 R_W（1 kΩ），使 O 点电压等于 $1/2E_C$，即 6 V 左右。注意：

1）若电源电压正常，O 点无电压，说明 R_2 和 R_W 开路或 VT_2 断路或 VT_3 击穿。

2）若 O 点电压过低调不上去，说明 VT_1 的 I_{CEO} 太大，R_2、R_{W2} 和 R_W 阻值太大；VT_3 击穿，其 I_{CEO} 过大，C_4 漏电流大，VT_1 基极上偏置电阻太小。

3）若 O 点电压过高调不下来，说明 VT_1 质量差，β 太小，VT_3 开路，VT_2 击穿。

4）输出波形若严重失真，说明中点电压偏离 $1/2E_C$ 过大，VT_2、VT_3 管子的 β 值相差太大或输入信号太大。

3. 观察并消除交越失真

1）O 点电压调整后，关断电源，将毫安表（可用万用表代替）串入电路中，接通电源记下电流表读数。

2）先调整电位器 R_{W2}，使之阻值为 0，给功率放大器输入 1 kHz 的正弦波信号，用示波器观察负载电阻 R_L 两端波形。逐步增大输入信号的幅度，直至示波器荧屏上出现交越失真，记下此时电流表的读数。调节 R_{W2} 阻值，使之逐渐增大，并使交越失真消失。此时，O 点电压可能有些变化，重新调整 R_{W1}、R_{W2} 使 O 点直流电位为 $1/2E_C$，没有交越失真现象，记录此时电流表的读数，将所测数据填入表 4-24 中。

3）交越失真排除后，断开输入端信号源，按表 4-25 的要求，用万用表测量各工作点电压，并把数据记入表 4-25 中。

表 4-24 交越失真现象

交越失真情况	I_{C2}（mA）
有	
无	

表 4-25 正常的静态工作点

中点（O 点）电压	T_2 集电极电流 I_{C2}（mA）	VT₁		R_{W2} 两端电压
		U_{BE}	U_{CE}	

4. 测量最大输出功率和效率

1）加大输入信号，测出输出波形产生限幅失真前的最大不失真输出电压 U_{CM} 和相应的电源电流 I_{ECM}，求出最大输出功率

$$P_{omax} = U_{OM} \times I_{ECM}$$

2）电源供给的功率

$$P_E = E_C \times I_{ECM}$$

3）计算其效率

$$\eta = \frac{P_{omax}}{P_E}$$

4）最大输出功率时，晶体管的管耗为 $P_{VT} = P_E - P_{CM}$

5. 观察自举电容 C_2 的作用

将电路中自举电容 C_2 去掉，重新进行步骤 2）~4），观察自举电容 C_2 的作用，观察输出波形的变化。

4.9.5　仿真实验

1. 在 Multisim 中组建 OTL 功率放大器仿真电路

搭建 OTL 功率放大电路。如图 4-90 所示，仿真中 VT_1 选用 2SC945，VT_2 和 VT_3 分别选用 2SC1815 和 2SA1015。

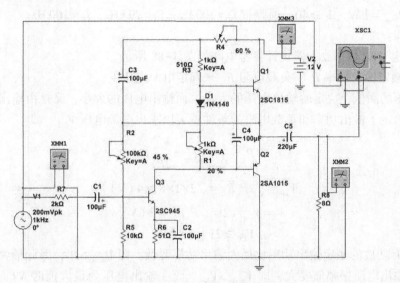

图 4-90　OTL 功率放大器仿真电路

2. OTL 功率放大器电路仿真

如图 4-91 所示，经过仿真，OTL 功率放大电路的输入电压为 141 mV，输出电压为 1.34 V，电压放大系数为 9.5 倍，输出电压 U_o 为 1.34 V，输出功率 $P_o = (U_o)^2/R = 0.224$ W；电源提供的电流 I_o 为 97.8 mA，电源提供的功率 $P_E = 1/2 \times E_C \times I_o = 0.5 \times 12 \times 0.0978 = 0.587$（W），所以功放效率 $= P_o/P_E = 0.388$。

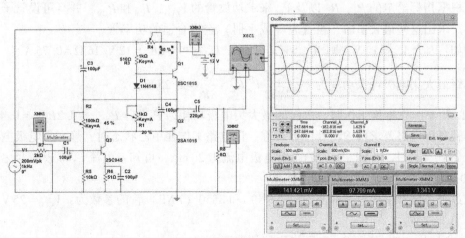

图 4-91　OTL 功率放大电路仿真

4.9.6 设计实验

1. OTL 功率放大器设计示例

已知条件：$V_{CC} = +12\,V$，负载电阻 $R_L = 8\,\Omega$。

要求：设计一个 OTL 功率放大器。

指标：$P_{omax} = 1\,W$，$A_u \geqslant 40$，通频带 $f_L = 100\,Hz$，$f_H = 29\,kHz$，$f_L = 100\,Hz$。

设计步骤：

（1）确定 OTL 功率放大器设计参考电路如图 4-88 所示。

（2）由额定输出功率 P_o、负载电阻 R_L 来确定电源电压 V_{CC}。

电源电压的高低，决定着输出电压的大小，而输出电压的大小，又是由输出功率来决定的，所以在给定了输出功率和负载电阻的条件下可以求出电源电压 V_{CC}。即：

$$P_o = \frac{1}{2} V_{om} I_{cm} = \frac{V_{om}^2}{2R_L}$$

$$V_{om} = \sqrt{2 P_o R_L} = \sqrt{2 \times 1 \times 8} \approx 4\,(\,V\,)$$

有效值：
$$V_o = V_{om} / \sqrt{2} = \sqrt{P_o R_L} \approx 3\,(\,V\,)$$

应选：
$$V_{CC} \geqslant 2 V_{om} = 8\,(\,V\,)$$

由于 OTL 功放的额定输出功率比最大输出功率要低，即 $P_{omax} > P_o$，因此最大输出电压振幅值比额定输出电压振幅值要大，即 $V_{omax} > V_{om}$。而在输出电压为最大值时 VT_2 或 VT_3 接近饱和，考虑到管子上的饱和电压降，为留一定的功率余量，电源电压可选大一些，$V_{CC} = 12\,V$。

（3）估算功率输出级电路

1）选择复合管中的输出功率管 VT_2 和 VT_3

选择功放管要考虑晶体管三个极限参数：基极开路、管子 CE 间最大反向击穿电压 V_{CEO}、集电极最大允许电流 I_{CM} 和集电极最大允许耗散功率 P_{CM}。

可根据指标给定的 P_o、R_L 以及 V_{CC} 来求功放管的 V_{CEO}、I_{CM} 和 P_{CM}，并且可设管子饱和压降为零。求出这些最大值后，再查表（或手册）选择合适的功率管。

例如：因为 $V_{CC} = 12\,V$，则 $V_{CEO} > V_{CC} = 12\,V$，$I_{CM} \approx V_{CC} / 2R_L = 12\,V/16\,\Omega = 0.75\,A$。

单管最大集电极耗散功率为 $P_{omax} = \frac{1}{2} I_{cm}^2 R_L \approx \frac{V_{CC}^2}{8R_L} = 2.25\,W$。

VT_2 和 VT_3 在推挽工作时，单管的最大集电极功耗为 $P_{C1max} = P_{C2max} = 0.2 P_{omax} = 0.45\,W$。

互补对称电路要求两输出管参数对称。该电路工作在甲乙状态时，静态集电极电流一般为几十 mA。设 VT_2 和 VT_3 管的静态集电极电流为 20 mA，可知：电流 i_{c2} 和 i_{c3} 的变化范围为 20～750 mA。

通过查晶体管手册，可知 8050（NPN）和 8550（PNP）管的参数为：$V_{CEO} = 25\,V$，$I_{CM} = 1.5\,A$，$I_{CM} = 1\,W$。

2）求 VT_2、VT_3 基极 C、D 两点之间的偏置电路

VT_2、VT_3 基极 C、D 两点之间 VD_1 可选 1N4007，其正向导通管压降为 0.7 V，R_{W2} 上电压降应为 0.7 V，设 VT_1 管静态集电极电流为 3 mA，则 R_{W2} 的阻值为 $R_{W2} = 0.7\,V/3\,mA =$

$0.23\,\text{k}\Omega = 230\,\Omega_\circ$

可选 R_{W2} 为 $1\,\text{k}\Omega$ 电位器，进行调节。

（4）VT_1 管工作状态及偏置电路计算

1）确定 VT_1 管静态集电极电流

VT_1 管接成共射电路，工作于甲类放大状态。为保证 VT_2、VT_3 有足够的推动电流，要求：I_{CQ1} 远大于 I_{B2}，一般可取 $I_{\text{CQ1}} = 2 \sim 10\,\text{mA}$，这里取 $I_{\text{CQ1}} = 3\,\text{mA}$。$\text{VT}_1$ 管可选 3DG 系列高频小功率管，设管子的 $h_{\text{fe1}} = 60$，则

$$I_{\text{BQ1}} = I_{\text{CQ1}}/h_{\text{fe1}} = 3\,\text{mA}/60 = 0.05\,\text{mA}$$

2）确定 R_{W2} 和 R_2

R_{W1} 和 C_2 组成自举电路，而 $R_{\text{W2}} + R_2$ 是 VT_1 的集电极负载电阻，忽略流过 VT_2 和 VT_3 的基极电流，则 VT_1 的静态集电极电流全部流过 $R_{\text{W2}} + R_2$，则有

$$R_{\text{W2}} + R_2 = \frac{V_{\text{CC}} - V_{\text{O}} - V_{\text{BEQ2}}}{I_{\text{CQ1}}} = \frac{12\,\text{V} - 6\,\text{V} - 0.7\,\text{V}}{3.5\,\text{mA}} = 1.5\,\text{k}\Omega$$

可取 $R_2 = 510\,\Omega$，$R_{\text{W2}} = 1\,\text{k}\Omega_\circ$

3）确定 R_{W1}

R_{W1} 是 VT_1 管的上偏置电阻，流过的电流 $I_{\text{RW1}} \geqslant (5 \sim 10)I_{\text{BQ1}}$，取

$$I_{\text{RW1}} = 10I_{\text{BQ1}} = 10 \times 0.05\,\text{mA} = 0.5\,\text{mA}$$

忽略 I_{BQ1}，则 $R_{\text{W1}} = \dfrac{V_{\text{O}} - 0.7}{0.5\,\text{mA}} = \dfrac{6\,\text{V} - 0.7\,\text{V}}{0.5\,\text{mA}} \approx 11\,\text{k}\Omega$

实际可取 $R_{\text{W1}} = 100\,\text{k}\Omega_\circ$

（5）选择电路中电容器的容量及耐压

1）耦合电容 C_1 和 C_4 的选择

根据频率响应的要求，确定电容器的大小。下限频率 f_{L} 主要取决于耦合电容和旁路电容；上限频率 f_{H} 主要取决于晶体管的特征频率 f_{T} 和负载电容 C_{L} 的大小，也与晶体管的结电容和电路中的杂散电容有关。

C_1 和 C_4 一般可按下式选择

$$C_1 > \frac{10}{2\pi f_{\text{L}} r_{\text{i}}}\;;\qquad C_4 > \frac{10}{2\pi f_{\text{L}} R_{\text{L}}}$$

式中，r_{i} 为共射电路的输入电阻，约为 $1\,\text{k}\Omega$。因此选 C_1 为 $10\,\mu\text{F}$，C_4 为 $220\,\mu\text{F}_\circ$

2）自举电容 C_2 的选择

$$C_2 > \frac{10}{2\pi f_{\text{L}} R_{\text{W2}}}$$

选 C_2 为 $100\,\mu\text{F}_\circ$

2. 设计电路并组装、调整、测试各项指标

已知条件：$V_{\text{CC}} = +12\,\text{V}$，负载电阻 $R_{\text{L}} = 8\,\Omega_\circ$

要求：设计一个 OTL 功率放大器。

指标：$P_{\text{omax}} = 0.5\,\text{W}$，$A_{\text{u}} \geqslant 30$，通频带 $f_{\text{L}} = 50\,\text{Hz}$，$f_{\text{H}} = 20\,\text{kHz}_\circ$

4.9.7　预习要求

1. 复习 OTL 功率放大器的工作原理以及功放电路各参数的含义。
2. 熟悉本次实验电路图、实验用表格。
3. 了解 OTL 功率放大器与 OCL 功率放大器及变压器推挽功率放大的区别？
4. 了解 OTL 功率放大器自举电容的作用。
5. 回答思考题。

4.9.8　实验报告要求

1. 画出实验电路图，标明各元件参数值。
2. 将实验测试数据与理论计算值进行比较，分析产生误差的原因。
3. 总结功率放大电路的特点及测量方法。

4.9.9　思考题

1. 说明交越失真产生的原因，如何克服交越失真？
2. 如电路发生自激现象，应如何消除？

4.10　集成功率放大电路

4.10.1　实验目的

1. 了解集成功率放大器（TDA2822）应用电路、特性、调整和使用方法。
2. 掌握集成功放的性能指标和主要参数的测量方法。

4.10.2　实验仪器仪表和器材

1. 万用表	一块
2. 直流稳压电源	一台
3. 双踪示波器	一台
4. 信号发生器	一台
5. 低频毫伏表	一台
6. 模拟电子电路实验箱	一台

4.10.3　实验电路和原理

集成功率放大器因其具有性能稳定、工作可靠及安装调试简单等优点，目前在音响设备中广泛采用集成功率放大器。集成功率放大器与分立元件功率放大器相比其优点如下：体积小、重量轻、成本低、外接元件少、调试简单、使用方便；性能优越，如温度稳定性好、功耗低、电源利用率高、失真小；可靠性高，有的采用了过电流、过电压、过热保护，防交流声、软启动等技术。

1. 集成功放 TDA2822 的应用

集成功放种类很多，集成功放的作用是向负载提供足够大的信号功率。本次实验采用的集成功放型号是 TDA2822（国产型号为 D2822），它是一种低电压供电的双通道小功率集成音频功率放大器。静态电流和交越失真都很小。适用于便携式收音机和微型收录机中作音频功放。

TDA2822 外引线排列和引脚说明如图 4-92a 所示，集成功放实验电路如图 4-92b 所示。

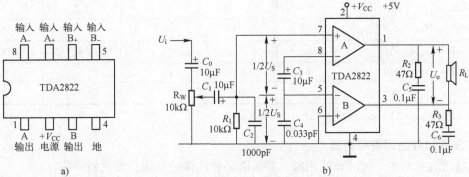

图 4-92　TDA2822 集成功放实验电路

a）外引线排列　b）实验电路

图 4-92b 中的 C_1 为输入耦合电容，R_w 为输入音量调节电位器，R_1 和 C_2 构成高通滤波器，R_2、C_5 与 R_3、C_6 构成的相位补偿电路可以消除电路产生的自激，C_3 和 C_4 分别为耦合电容和高频旁路电容。

这种电路连接方式称为 BTL（Bridge-Tied-Load，桥接式）连接。负载的两端分别接在两个放大器的输出端。其中一个放大器的输出是另外一个放大器的镜像输出，即加在负载两端的信号仅在相位上相差 180°，负载上将得到原来单端输出的 2 倍电压。从理论上讲电路的输出功率将增加 4 倍。

BTL 电路能充分利用系统电压，因此 BTL 结构常用于低电压系统或电池供电系统。在汽车音响中当每声道功率超过 10 W 时，大多采用 BTL 形式。集成功放块构成一个 BTL 放大器需要一个双声道或两个单声道的功放块。BTL 不同于推挽形式，BTL 的每一个放大器放大的信号都是完整的信号，只是两个放大器的输出信号反相而已。

TDA2822 构成双声道应用电路如图 4-93 所示。

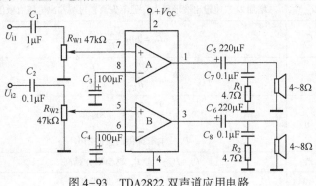

图 4-93　TDA2822 双声道应用电路

2. TDA2822 集成功放主要技术参数

TDA2822 集成功放主要技术参数如表 4-26 所示。

表 4-26 TDA2822 集成功放主要技术参数

参数名称	符号	最小值	典型值	最大值	极限值	单位
静态电流	I_{CQ}		6	12		mA
电源电压	V_{CC}	3		15	15	V
峰值电流	I_{OM}				1.5	A
电压增益	G_V		40			dB
输出功率	P_o	0.4	1		允许功耗 1.25	W
谐波失真	THD		0.3			%
输入阻抗	R_i		100			kΩ

（测试条件：$V_{CC}=5\,V$，$R_L=8\,\Omega$，$f=1\,kHz$，$T_a=25℃$）

3. 集成功放的调整和测试

集成功放在调整、测试和使用时，要采取必要的保护措施，常见的措施有：

1）集成功放在输出功率较大时，要接良好的散热片，以免过热造成损坏。

2）扬声器两端接 RC 相移网络，可破坏自激振荡的相位条件，消除自激振荡。

3）刚开始调试时，可先将电源电压调低一点，输入信号幅度小一点，以免电流过大，损坏电路。

4）安装时，引线尽量短，元件排列整齐，以消除由分布参数引起的自激振荡。

4.10.4 基础实验

1. 按图 4-92b 连接实验电路。

2. 认真检查，防止输出端对地短路，确认连线无误后方可加电测试。

3. 性能指标测试，将测试结果记录于表 4-27 之内。

表 4-27 TDA2822 主要指标测试

名　称	符号	测试条件、公式及说明	测试结果	单位
静态电流	I_{CQ}	$U_i=0$，电源提供的电流		mA
噪声电压	U_N	$U_i=0$，测输出 U_o 交流电压有效值		mV
最大不失真输出电压	U_{omax}	增加 U_i，使输出波形最大，但不失真，再测输出电压有效值		V
电压增益	G_V	$G_V=20\lg\dfrac{U_{omax}}{U_i}$		dB
最大不失真输出功率	P_{omax}	$P_{omax}=\dfrac{U_{omax}^2}{R_L}$　$P_o=\dfrac{U_o^2}{R_L}$		W
功放效率	η	$\eta=\dfrac{P_o}{P_E}$　$P_E=I_{CC}\times V_{CC}$ P_E：电源提供的直流功率		
损耗功率	P_C	$P_C=P_E-P_o$　P_C 越小则 η 越高		W
频带宽度	BW	$BW=f_H-f_L$ 即 3 dB 带宽		kHz

（续）

名　　称	符号	测试条件、公式及说明	测试结果	单位
输出电阻	R_o	$R_o = \left(\dfrac{U_{o\infty}}{U_o} - 1\right) R_L$		Ω
通道间功率增益差	ΔP_o	$\Delta P_o = 10\lg \dfrac{P_L}{P_R}$ P_L 和 P_R 分别为左右声道输出功率		dB
通道分离度	S_{rp}	$S_{rp} = 20\lg \dfrac{U_{OL}}{\Delta U_{OR}}$		dB

注：1. 正常的芯片 $U_i = 0$ 时，$I_{CQ} \approx 12\,\text{mA}$（$f = 1\,\text{kHz}$，$V_{CC} = 5\,\text{V}$，$R_L = 8\,\Omega$）。

　　　2. 通道分离度的测量。

通道分离度指某一通道的输出电压 U_{OL} 与另一通道串到该通道输出电压 ΔU_{OR} 的比值。测量时在左通道加 $f = 1\,\text{kHz}$ 的信号，右通道输入接地，测量左通道输出电压 U_{OL}。然后左通道输入接地，右通道加 $f = 1\,\text{kHz}$ 信号，测量左通道输出电压 ΔU_{OR}，求出 S_{rp}。

4. 加音乐信号进行试听

去掉假负载 R_L，接上扬声器，输入 U_i 信号改为收音机耳机输出的音乐信号。要求音量大小可调，不失真，音质好。

5. 附加测量

（1）测量 $3\,\text{V}$，$8\,\Omega$ 时的输出功率；测量 $9\,\text{V}$，$8\,\Omega$ 时的输出功率。

（2）用 TDA2822 组装双通道集成功率放大器。

4.10.5　仿真实验

1. TDA2030 单电源 OTL 功放电路仿真（输出功率 5.6 W）

如图 4-94 所示，调用 Multisim 中的 TDA2030 功放仿真模型，代替 TDA2822，由于 TDA2030 最大可输出 20 W 的功率，比 TDA2822 的 2 W 大很多，采用单电源 OTL（Output Transformer Less）电路的 TDA2030 也可输出 5.6 W 以上的功率，因此仿真中采用了这样的电路。当需要双声道输出时，只需增加另一路相同的功放电路即可。

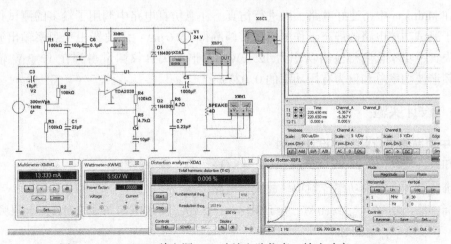

图 4-94　TDA2030 单电源 OTL 功放电路仿真（输出功率 5.6 W）

先在 Multisim 中搭建好电路，再进行仿真。注意仿真电路中调用了较多的测试仪器，有万用表用于测试功放电路的静态工作电流，实验测得 13.3 mA；示波器用于观察输出波形是否有明显失真；功率计测得输出功率为 5.6 W；总谐波失真仪测量得到在 5.6 W 输出功率时，音频谐波功率总和仅为有用功率的 0.006%；扫频仪测得电路的通频带为 22 Hz ~ 11.6 kHz。

2. TDA2030 双电源 BTL 功放电路仿真（输出功率 12.3 W）

如图 4-95 所示，调用 Multisim 中的 TDA2030 功放仿真模型，代替 TDA2822，由于单个 TDA2030 最大可输出 20 W 的功率，采用双电源 BTL（Balanced Transformer Less）电路的 TDA2030 可输出 12.3 W 以上的功率，电路形式与实验电路相同，但输出功率大了很多。

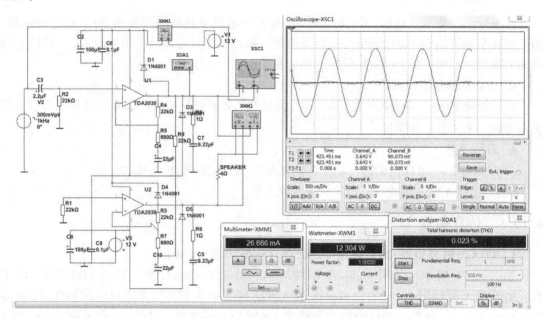

图 4-95　TDA2030 双电源 BTL 功放电路仿真（输出功率 12.3 W）

先在 Multisim 中搭建好电路，再进行仿真。注意仿真电路中调用了较多的测试仪器：万用表用于测试功放电路的静态工作电流，实验测得 26.6 mA；示波器用于观察输出波形是否有明显失真；功率计测得输出功率为 12.3 W；总谐波失真仪测量得到在 12.3 W 输出功率时，音频谐波功率总和仅为有用功率的 0.023%。

4.10.6　设计实验

1. 中功率集成音频功放设计示例

已知条件：$U_{CC} = +24\,V$，负载喇叭 $R_L = 8\,\Omega$。

要求：设计一个中功率音频功率放大器电路。

指标：输出功率 $P_{omax} \geqslant 10\,W$，电压增益 $A_u \geqslant 20$，输入电阻 $R_i \geqslant 2\,M\Omega$，上限频率 $f_H \geqslant 10\,kHz$，下限频率 $f_L \leqslant 20\,Hz$。

设计步骤：

（1）选定集成功放芯片

本电路设计采用 TDA2030 功放芯片，它是较常用的中功率集成音频功率放大器，该电路用于音频甲类和乙类放大，其特点是输出电流大，谐波失真小，内部有自动限制功耗的短路保护电路，可使输出晶体管的工作点保持在安全工作区内，并设有内部过热截止保护电路，而且电源电压范围宽，可双电源，适应性广，输入阻抗高，与前级电路的接续能力强。

（2）选定电路形式，确定元件参数

选定了集成功放芯片后，一般都选用其典型应用电路，组装调试时稍加修改即可。查阅芯片应用手册可得到典型应用电路，本设计电路及元件参数如图 4-96 所示。

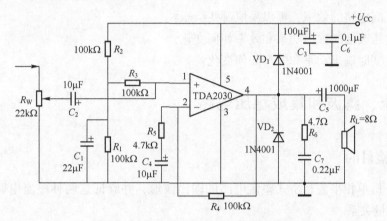

图 4-96　TDA2030 集成功率放大电路

该电路中 R_1、R_2 和 R_3 与内部二极管构成了内部差分输入电路的偏置，由于输入电路采用了差分电路，所以 TDA2030 有很高的输入阻抗。C_1 是偏置电阻 R_1 的旁路电容；二极管 VD_1 和 VD_2 构成电源反接保护电路；R_6 和 C_7 构成相位补偿网络，破坏电路的正反馈条件，达到消除自激的目的；R_4、R_5 和 C_4 构成交流负反馈网络；TDA2030 功率放大器的电压放大增益可按下式确定：

$$A_u = \frac{R_4}{R_5}$$

因此根据指标要求：电压增益 $A_u \geqslant 20$，确定本电路中 R_4 取 4.7 kΩ，R_5 取 100 kΩ。

2. 设计电路并组装、调整、测试各项指标

已知条件：$U_{CC} = +30$ V，负载扬声器 $R_L = 8$ Ω。

要求：设计一个中功率音频功率放大器电路。

指标：输出功率 $P_{omax} \geqslant 15$ W，电压增益 $A_u \geqslant 15$，输入电阻 $R_i \geqslant 2$ MΩ，上限频率 $f_H \geqslant 10$ kHz，下限频率 $f_L \leqslant 20$ Hz。

4.10.7　预习要求

1. 复习 OTL 和 OCL 低频功率放大器的工作原理。

2. 掌握功率、效率的计算和估算方法以及最佳负载的概念。

3. 预习实验教材，了解集成功放使用注意事项及主要技术指标的测试方法。

4.10.8 实验报告要求

1. 实验报告中应有完整的实验电路，并标注各元件数值和器件型号。
2. 将测试和计算数据填入表 4-27 中。
3. 总结实验中的问题和体会。
4. 回答思考题。

4.10.9 思考题

1. 为了提高电路的效率，可以采取哪些措施？
2. 电源电压改变时输出功率和效率如何变化？
3. 负载改变时输出功率和效率如何变化？

4.11 整流、滤波和集成稳压电路

4.11.1 实验目的

1. 观察分析单相半波和桥式整流电路的输出波形，并验证这两种整流电路输出电压和输入电压的数量关系。
2. 了解滤波电路的作用，观察半波和桥式整流电路加上电容滤波后的输出波形，研究滤波电容的大小对输出波形的影响。
3. 了解三端集成稳压器件的稳压原理及其使用方法。
4. 学习三端集成稳压电路主要指标的测试方法。

4.11.2 实验仪器仪表和器材

1. 万用表　　　　　　　　　　　　　一块
2. 双踪示波器　　　　　　　　　　　一台
3. 低频毫伏表　　　　　　　　　　　一台
4. 模拟电子电路实验箱　　　　　　　一台

4.11.3 实验电路和原理

电子设备中都需要稳定的直流稳压电源，所需直流电源除少数直接利用电池和直流发电机外，大多数是采用由交流电（市电）转变为直流电的直流稳压电源，直流稳压电源原理框图如图 4-97 所示，由电源变压器、整流、滤波、稳压电路四部分组成。

电网供给的交流电压 u_1（220 V，50 Hz）经电源变压器降压后，得到符合电路需要的交流电压 u_2，然后由整流电路变换成方向不变、大小随时间变化的脉动电压 u_3，再用滤波器滤除其交流分量，就可得到比较平直的直流电压 u_4，但这样的直流输出电压，还会随交流电网电压的波动或负载的变动而变化。在对直流供电要求较高的场合，还需要用稳压电路来保证输出的直流电压更加稳定。

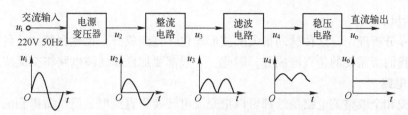

图 4-97　直流稳压电源原理组成框图

1. 整流电路

整流电路的作用是利用二极管的单向导电性能，把交流电变换成单向的脉动电流或电压。

（1）单相半波整流电路

整流电路的形式较多，图 4-98 所示电路为单相半波整流电路，是最简单的整流电路。其中变压器的作用是：将 220 V 交流市电（或其他数值的交流电源）变换成所需的交流电压值。

半导体二极管的作用是整流。由于二极管 VD 具有单向导电性，因此，在负载 R_L 上得到的是单相半波整流电压 U_o，其整流波形如图 4-99 所示。单相半波整流电路的整流电压平均值为：$U_o = 0.45U$。单相半波整流的缺点是只利用了电源的半个周期，同时整流输出电压的脉动较大。

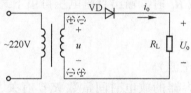

图 4-98　单相半波整流电路

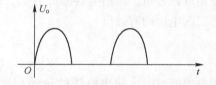

图 4-99　单相半波整流电路的电压波形

（2）单相全波整流电路

为克服单相半波整流电路的缺点，常采用单相全波整流电路。在小功率的整流电路中使用较多的是单向桥式整流电路，如图 4-100 所示。

它是由四个整流二极管接成电桥的形式构成的，经过整流后在负载上得到的是单向脉动电压，其波形如图 4-101 所示。

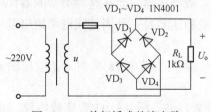

图 4-100　单相桥式整流电路

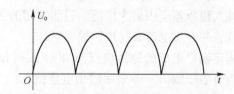

图 4-101　单相桥式整流电路的电压波形

全波整流电路的整流电压平均值 U_o 比半波时增加了一倍。即

$$U_o = 0.9U$$

式中，U_o 为整流输出端的直流分量（用万用表直流档测量）；U 为变压器二次侧的有效值

（用毫伏表测量）。

根据信号分析理论，这种脉动很大的波形既包含直流成分，也包含基波、各次谐波等交流成分，但我们所需要的是直流成分。因此，一般都要加低通滤波电路将交流成分滤除。

2. 滤波电路

单相半波和全波整流电路虽然都可以把交流电转换为直流电，但是所得到的输出电压是单向脉动电压。在某些场合（如电镀、蓄电池充电），脉动电压是允许的。但在大多数电子设备中，整流电路之后都要加接滤波电路，以改善输出电压的脉动程度。

滤波电路主要是利用电感和电容的储能作用，使输出电压及电流的脉动趋于平滑。因电容比电感体积小、成本低，故在小功率直流电源中多采用电容滤波电路，如图 4-102 所示。

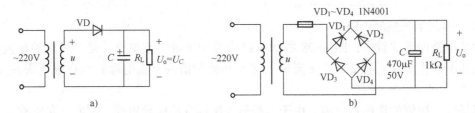

图 4-102　单相半波、桥式整流电容滤波电路

a）单相半波整流、电容滤波电路　b）单相桥式整流、电容滤波电路

当电容 C 的容量足够大时，它对交流所呈现的阻抗很小，从而使输出趋于一个理想的直流。根据理论分析，采用电容滤波方式，有负载 R_L 时，输出直流电压可由下式估算（U 是变压器二次电压的有效值）。

$$U_o = U \quad （半波）$$

$$U_o = 1.2U \quad （全波）$$

采用电容滤波时，输出电压的脉动程度与电容器的放电时间常数 $R_L C$ 有关，$R_L C$ 大，脉动就小。为了得到较平直的输出电压，通常要求

$$R_L C \geqslant (3 \sim 5) \frac{T}{2}$$

式中，T 为交流电源电压的周期。

3. 集成稳压电源电路

集成稳压器件的种类很多，应根据设备对直流电源的要求来进行选择。对于大多数电子仪器、设备和电子电路来说，通常是选用串联线性集成稳压器，而在这种类型的器件中，又以三端式稳压器应用最为广泛。目前常用的三端集成稳压器是一种固定或可调输出电压的稳压器件，并有过电流和过热保护。

固定输出电压的稳压块有 W78×× 系列和 W79×× 系列。其中 78 系列为正电压输出，79 系列为负电压输出。×× 表示输出电压值。

本次实验所用集成稳压器为三端固定正稳压器 W7805。图 4-103 为实验电路，也是实际应用电路。电路特点说明如下。

1）整流部分采用由四个整流二极管组成的桥式整流电路（即整流桥堆）。

2）输入、输出端需接容量较大的滤波电容，通常取几百~几千 μF 的电容。

3）当稳压块距离整流滤波电路较远时，在输入端必须接入 0.33 μF 电容，以抵消线路

的电感效应，防止产生自激。

4）输出端电容 0.1 μF，用于滤除输出端的高频谐波，改善电路的暂态响应。

5）集成稳压器输入电压 U_i 的选择原则是：

$$U_o+(U_i-U_o)_{min} \leq U_i \leq U_o+(U_i-U_o)_{max}$$

$(U_i-U_o)_{min}$ 为最小输入输出电压差，如果达不到最小输入输出电压差，则不能稳压；$(U_i-U_o)_{max}$ 为最大输入输出电压差，如果大于该值，则会造成稳压块功耗过大而损坏，即

$$(U_i-U_o)_{max} \times I_{omax} > P_{omax}$$

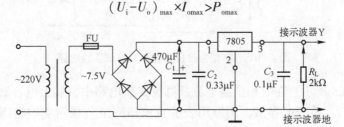

图 4-103 集成稳压电路

4.11.4 基础实验

1. 单相半波整流及滤波电路

1）连接图 4-104 所示的半波整流、滤波实验电路，无电容滤波时，接通电源，用万用表的直流档测量负载两端的电压；用示波器观察负载两端的波形，将测试结果记录于表 4-28。

2）在单相半波整流及滤波实验电路中，加上滤波电容，在负载不变（360 Ω）的情况下，改变电容值，用万用表的直流电压档测量负载两端的电压。用示波器观察负载两端的波形，将测试结果记录于表 4-28。

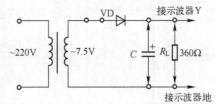

图 4-104 单相半波整流及滤波实验电路

3）在单相半波整流及滤波实验电路中，保持滤波电容数值不变（470 μF），改变负载电阻，用万用表的直流档测量负载两端的电压；用示波器观察负载两端的波形，将测试结果记录于表 4-28。

表 4-28 单相半波整流及滤波电路测量结果

条件	负载 360 Ω，改变滤波电容				电容 470 μF，改变负载电阻		
	4.7 μF	47 μF	470 μF	无滤波	$R_L = 2\,k\Omega$	$R_L = 360\,\Omega$	$R_L = 120\,\Omega$
U_o							
输出波形图							

2. 单相全波（桥式）整流及滤波电路

1）连接图 4-105 所示全波桥式整流、滤波实验电路，无电容滤波时，用万用表的直流电压档测量负载两端的电压；用示波器观察负载两端的波形，将测试结果记录于表 4-29。

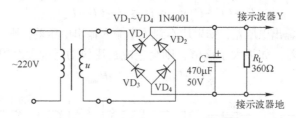

图 4-105　单相全波桥式整流及滤波实验电路

2）如图 4-105 所示，在单相全波整流及滤波实验电路中，加上电容滤波，在负载不变的情况下（360Ω），改变电容值，用万用表的直流档测量负载两端的电压；用示波器观察负载两端的波形，将测试结果记录于表 4-29。

3）如图 4-105 所示，在单相全波整流及滤波实验电路中，保持滤波电容数值不变（470μF），改变负载电阻，用万用表直流电压档测量负载两端的电压；用示波器观察负载两端的波形，将测试结果记录于表 4-29。

表 4-29　单相全波整流及滤波电路测量结果

条件	负载 360Ω，改变滤波电容				电容 470μF，改变负载电阻		
	4.7μF	47μF	470μF	无滤波	$R_L = 2k\Omega$	$R_L = 360\Omega$	$R_L = 120\Omega$
U_o							
输出波形图							

3. 用集成稳压块组成的简单稳压电路

按图 4-103 连接集成稳压电路，保持负载电容不变，改变负载电阻，用万用表的直流电压档测量负载两端的电压；用毫伏表测量负载两端的纹波电压；用示波器观察负载两端的波形，将测试结果记录于表 4-30。

表 4-30　输出电压测量结果

负载电阻值	$R_L = 2k\Omega$	$R_L = 360\Omega$	$R_L = 120\Omega$
负载两端直流电压			
负载两端的纹波电压			

4.11.5　仿真实验

1. 整流电路的仿真

如图 4-106 和图 4-107 所示，先在 Multisim 中搭建好半波整流和全波整流电路，再进行仿真，整流管选用 1N4001。

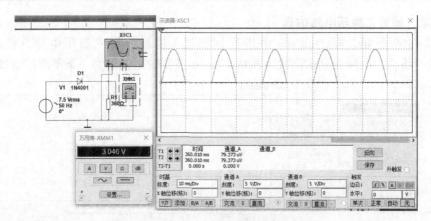

图 4-106　半波整流电路仿真

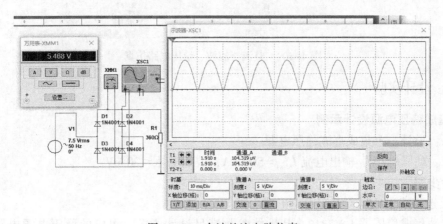

图 4-107　全波整流电路仿真

2. 滤波电路仿真

如图 4-108 所示，在 Multisim 中搭建好整流及滤波电路，进行仿真，当滤波电容为 470 μF 时，电压表显示读数为 8.853 V；当滤波电容为 47 μF 时，电压表显示读数为 7.745 V，示波器输出波形也有明显的充放电痕迹。

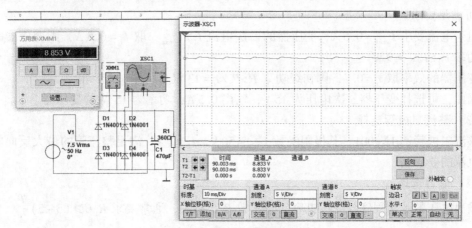

图 4-108　整流、滤波电路仿真

3. 整流、滤波、稳压电路仿真

如图 4-109 所示，在 Multisim 中搭建好整流、滤波、集成稳压电路，稳压片采用 MC7805 进行仿真，电压表显示读数为 5.004 V，示波器输出波形为一条平滑的直线。

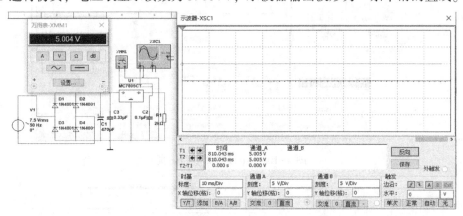

图 4-109　整流、滤波、稳压电路仿真

4.11.6　设计实验

1. 集成稳压电源设计示例

要求：设计一个集成直流稳压电源。

指标：$U_o = +12$ V，输出电流 $I_{omax} = 500$ mA，波纹电压 $\leqslant 20$ mV。

设计步骤：

（1）选集成稳压器，确定电路形式

选三端集成稳压器 CW7812，其性能参数满足设计要求，组成的稳压电源电路结构如图 4-103 所示。

（2）电源变压器选择

由 CW7812 允许的输入输出电压之差不低于 2 V，且不能过高，确定稳压器的输入电压 U_1 的范围为 15～18 V 左右。

已知变压器二次电压 U_i 与整流滤波输出电压 U_1 之间的关系为 $U_1 = 1.2U_i$，则取 $U_i = 15$ V 可满足要求。

由于电流要求 $I_{omax} = 0.5$ A，变压器的二次电流 $I_1 > I_{omax}$，取 $I_1 = 0.5$ A，则变压器的二次输出功率 $P_1 > I_1 U_1 = 9$ W。

变压器的效率取 $\eta = 0.7$，则初级功率 $P > P_1 / \eta = 13$ W。

因此，可选择变压器二次电压为 15 V，输出 0.5 A，功率为 15 W 的变压器。

（3）整流二极管选择

整流二极管选 1N4001，其极限参数 $U_{RM} = 50$ V，$I_F = 1$ A，满足整流管的最大反向电压及工作电流的要求。

（4）电容选择

输出电压的脉动程度与滤波电容的时常数 $R_L C$ 有关，通常要求 $R_L C \geqslant (3 \sim 5)\dfrac{T}{2}$，$T$ 为电源交流电压的周期，因此滤波电容 C_1 由下式决定：

$$C_1 \geqslant (3\sim5)\frac{T}{2}\cdot\frac{I_1}{U_1} = (750\sim1250)\,\mu\text{F}\,。$$

电容 C_1 的耐压应大于 $\sqrt{2}\,U_i = 28\,\text{V}$，所以电容 C_1 取 $1000\,\mu\text{F}/50\,\text{V}$ 的电解电容。

电容 C_2、C_3 为抑制自激振荡和高频噪声的电容，典型值分别为 $0.33\,\mu\text{F}$ 和 $0.1\,\mu\text{F}$。

2. 设计电路并组装、调整、测试各项指标

要求：设计一个集成直流稳压电源。

指标：$U_o = +5\,\text{V}$，输出电流 $I_{omax} = 500\,\text{mA}$，波纹电压 $\leqslant 20\,\text{mV}$。

4.11.7　预习要求

1. 复习教材中有关二极管整流、滤波及稳压电路部分的内容。

2. 仔细阅读实验教材，了解实验目的、内容、步骤及要求。

3. 学习有关集成三端稳压器的使用方法和使用注意事项。

4.11.8　实验报告要求

1. 将测量的数据和观察的波形填于表格内。

2. 分析负载一定时，滤波电容 C 的大小对输出电压、输出波形的影响及原因。

3. 分析电容滤波电路中负载电阻 R 变化对输出电压、输出波形的影响和原因。

4. 观察和分析当负载变化时，三端稳压块所起的作用。

4.11.9　思考题

1. 当负载电流 I_o 超过额定值时，该实验电路的输出电压 U_o 会有什么变化？

2. 调整管（三端稳压块）在什么情况下功耗最大？

3. 稳压电源输出电压纹波较大，原因可能是什么？

4. 如何测量并判断整流二极管和电源滤波电容的正负极性，防止因整流二极管极性接反而烧坏变压器、滤波电容极性接反而引起击穿"爆炸"？

4.12　555 定时器及其应用

4.12.1　实验目的

1. 了解 555 定时器的结构和工作原理。

2. 学习用 555 定时器组成几种常用的脉冲发生器。

3. 熟悉用示波器测量 555 定时器电路的脉冲幅度、周期和脉宽的方法。

4.12.2　实验仪器仪表和器材

1. 万用表	一块
2. 双踪示波器	一台
3. 低频毫伏表	一台
4. 直流稳压电源	一台
5. 模拟电子电路实验箱	一台

4.12.3 实验电路和原理

555 定时器是一种模拟和数字电路相混合的集成电路,因此,能有效地应用于模拟和数字电路中。它的结构简单、性能可靠、使用灵活,只需外接少量阻容元件即可组成多种波形发生器、多谐振荡器、定时延迟电路,以及报警、检测、自控及家用电器电路,应用非常广泛。

1. 555 定时器的方框图及封装形式

555 定时器的原理框图如图 4-110 所示,其引脚功能说明见表 4-31。

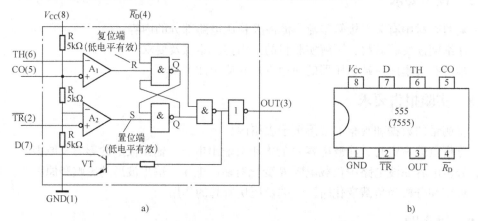

图 4-110　555 定时器内部原理框图

a) 内部逻辑框图　b) 外部引脚排列图

表 4-31　引脚功能说明

1	2	3	4	5	6	7	8
GND	$\overline{\text{TR}}$	OUT	$\overline{R}_D$	TH	TH	D	V_{CC}
地	低触发端	输出端	清零端	控制电压	高触发端	放电端	电源

2. 555 定时器的工作原理

如图 4-110 所示,555 定时器内部有两个电压比较器 A_1、A_2,一个基本 RS 触发器,一个放电晶体管 VT 和一个非门输出。三个 $5\,k\Omega$ 电阻组成的分压器使两个电压比较器构成一个电平触发器,高电平触发值为 $\dfrac{2}{3}U_{CC}$(即 A_1 比较器参考电压为 $\dfrac{2}{3}U_{CC}$),低电平触发值为 $\dfrac{1}{3}U_{CC}$(即 A_2 比较器的参考电压为 $\dfrac{1}{3}U_{CC}$)。

引脚 5 控制端外接一个控制电压,可以改变高、低电平触发电平值。

由两个与非门组成的 RS 触发器需用负极性信号触发,因此,加到比较器 A_1 同相端 6 脚的触发信号,只有当电位高于反相端 5 脚的电位 $\dfrac{2}{3}U_{CC}$ 时,RS 触发器才能翻转;而加到比较器 A_2 反相端 2 脚的触发信号,只有当电位低于 A_2 同相端的电位 $\dfrac{1}{3}U_{CC}$ 时,RS 触发器才能翻转。通过分析,可得出表 4-32 功能表。

表 4-32　555 定时器各输入、输出功能（真值）表

2 脚	6 脚	4 脚	3 脚	7 脚
$\overline{TR}$	TH	$\overline{R_D}$	OUT	D
低电平触发端	高电平触发端	清零（复位）端	输出端	放电端
$\leqslant \frac{1}{3}U_{CC}$	—	1	1	截止
$\geqslant \frac{1}{3}U_{CC}$	$\geqslant \frac{2}{3}U_{CC}$	1	0	导通
$\geqslant \frac{1}{3}U_{CC}$	$\leqslant \frac{2}{3}U_{CC}$	1	保持（原态）	保持（原态）
—	—	0	0	导通

注：—表示任意电平

3. 555 定时器主要参数

555 定时器主要参数如表 4-33 所示。

表 4-33　555 定时器主要参数

参 数 名 称	符　　号	参 数 值	单 位
电源电压	U_{CC}	5~18	V
静态电流	I_Q	10	mA
定时精度	—	1%	—
触发电流	I_{TR}	1	μA
复位电流	I_{Rd}	100	μA
阈值电流	I_{TH}	0.25	μA
放电电流	I_D	200	mA
输出电流	I_o	200	mA
最高工作频率	f_{max}	500	kHz

4. 555 定时器构成的三类基本电路

（1）555 型多谐振荡器

多谐振荡器是一种无稳态电路，它能在电源合上后自动产生自激振荡，输出周期性的矩形脉冲信号。因此，多谐振荡器在电子系统中常常作为矩形脉冲信号源使用。

555 定时器构成的多谐振荡器基本电路和波形如图 4-111 所示。

1）工作原理

接通电源后，U_{CC} 经 R_A、R_B 向电容 C 充电；当充电到 $\geqslant \frac{2}{3}U_{CC}$ 时，由输入、输出功能表 4-32 可知：555 定时器输出端为低电平，同时放电管 D 导通，电容 C 经电阻 R_B 和 555 的 7 脚到地放电。当电容 C 放电到 $\leqslant \frac{1}{3}U_{CC}$ 时，由 555 输入、输出功能表 4-32 可知：555 定时器输出端为高电平，同时放电管 D 截止，放电端 7 脚相当于开路，U_{CC} 又经 R_A、R_B 向电容 C 充电。

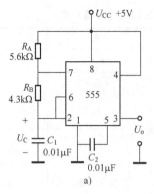 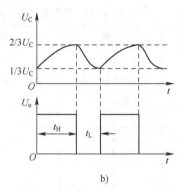

图 4-111　555 定时器构成的多谐振荡器电路和波形

a）基本电路　b）电路波形

以上两个过程，就是电容 C 充放电的过程，两个过程不断循环重复，得到多谐振荡器的振荡波形。

2）振荡频率

由 RC 充放电过程，可求出多谐振荡器的振荡频率为

$$f=\frac{1}{T}=\frac{1}{T_H+T_L}=\frac{1.44}{(R_A+2R_B)C}$$

$$T_H\approx 0.7(R_A+R_B)C$$

$$T_L\approx 0.7R_B C$$

3）占空比

$$q=\frac{T_H}{T_H+T_L}=\frac{R_A+R_B}{R_A+2R_B}$$

当 $R_B\gg R_A$，占空比近似为 50%。

（2）555 型单稳态触发器

单稳态触发器有一个稳态和一个暂稳态。当没有触发信号时，电路处于稳态；当触发信号到来时，电路将从稳态转换到暂稳态，但一段时间后电路又会自动返回到稳态。利用单稳态触发器的这种特性，可以实现定时、延时和脉冲整形等功能。

555 定时器构成的单稳态触发器电路及工作波形如图 4-112 所示，外加触发信号从触发输入端 u_i 输入，所以是输入脉冲的下降沿触发。下面结合 555 定时器的功能表简述该电路的工作原理。

1）工作原理

当没有触发信号时，u_i 处于高电平，电路处于稳定状态，输出 u_o 为低电平，晶体管 VT 饱和导通。

当触发脉冲的下降沿到来时，由于满足 $u_i\leqslant U_{CC}/3$，所以输出 u_o 迅速跳变为高电平，晶体管 VT 截止，同时电源开始通过电阻 R 对电容器 C 充电，电路进入了暂稳态。随着充电的进行，u_c 不断上升，当 u_c 上升到略大于 $2/3U_{CC}$ 时，若触发脉冲已经消失，则满足 $u_i\geqslant U_{CC}/3$，$u_c\geqslant 2/3U_{CC}$，输出 u_o 迅速跳回到低电平，晶体管 VT 饱和导通，电路又回到稳定状态；同时电容器 C 经晶体管 VT 迅速放电至 $u_c\approx 0$，此时满足 $u_i>U_{CC}/3$，$v_{i2}<2/3U_{CC}$，所以电路维持

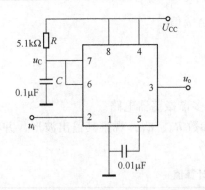 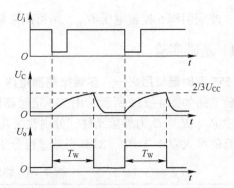

图 4-112 555 定时器构成的单稳态触发器电路和波形

稳定状态不变。

2）暂稳态持续时间

电路的输出脉冲宽度 T_W 等于暂稳态持续的时间。理论分析可得，T_W 的估算公式为

$$T_W \approx 1.1RC$$

其中，外接电阻 R 的取值范围为 $2\,\text{k}\Omega \sim 20\,\text{M}\Omega$，外接电容 C 的取值范围为 $100\,\text{pF} \sim 1000\,\mu\text{F}$，定时时间范围可以从几微秒到几小时。

（3）555 型施密特触发器

555 定时器构成的施密特触发器基本电路和波形，如图 4-113 所示。

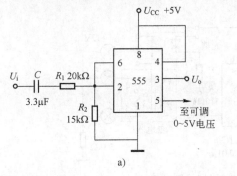 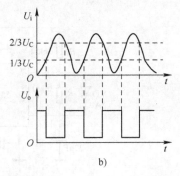

a)   b)

图 4-113 555 型施密特触发器

a）基本电路 b）电路波形

1）工作原理

图 4-113a 中引脚 5 控制端加一可调直流电压 U_{CO}，其大小改变 555 电路比较器的参考电压，U_{CO} 越大，参考电压值越大，输出波形宽度越宽。

输入电路 C 和 R_1、R_2 为耦合分压器，对输入幅度大的正弦波信号进行分压。

2）回差电压

施密特电路可方便地把正弦波、三角波变换成方波。该电路的回差电压为

$$\Delta U_T = U_{T+} - U_{T-} = \frac{2}{3}U_{CC} - \frac{1}{3}U_{CC} = \frac{1}{3}U_{CC}$$

3）工作波形

555 型施密特触发器的工作波形如图 4-113b 所示。可用示波器定性观察输入 U_i 和输出

U_o波形，改变引脚 5 控制电压 U_{CO}，则可用来调节 ΔU_T 值。

4.12.4 基础实验

1. 555 定时器应用之一：多谐振荡器电路

实验电路如图 4-111 所示，用 555 定时器构成多谐振荡器电路。

图中 R_A、R_B、C_1 为外接元件，分别改变几组参数 R_B、C_1，观察其输出波形，并将测量值与计算值填入表 4-34 中，对其误差进行分析。

表 4-34 测量、计算值

参　　数		测　量　值		计　算　值	
R_B	C_1	U_o	T	U_o	T
3 kΩ	0.01 μF				
3 kΩ	0.1 μF				
15 kΩ	0.1 μF				

2. 555 定时器应用之二：彩灯控制电路

实验电路如图 4-114 所示，555 定时器构成多谐振荡器，其输出端外接电磁继电器，图中 R_1、R_2、C_1、VD 为外接元件，C_2 为高频滤波电容，以保持基准电压 $\frac{2}{3} U_{CC}$ 的稳定，一般取 0.01 μF。

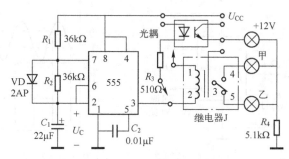

图 4-114 彩灯控制电路

接入二极管 VD，可使电路的充放电时间常数 $R_A C_1 \approx R_B C_1$，产生占空系数约为 50% 的矩形波，通过调整外接元器件，可改变振荡器的振荡频率和输出波形的占空比。

要求：通过调整，彩灯交替闪烁的时间间隔均匀地为 1 s 左右。光电耦合器件（P521）可传输 555 定时器输出的彩灯控制信号（熟悉光电耦合器件的使用）。

3. 555 定时器应用之三：救护车警报器电路

实验电路如图 4-115 所示。救护车警报器电路由两个多谐振荡器电路构成，555 定时器（1）的振荡频率 $f_1 \approx 1$ Hz，555 定时器（2）的振荡频率 $f_2 \approx 1$ kHz。接入电容 C_3 可改变救护车警报器的报警声音。

要求通过调整，使救护车警报器发出的报警声音"滴…嘟……"，音调逼真。

4. 555 定时器应用之四：单稳态触发器电路

实验电路如图 4-116 所示。

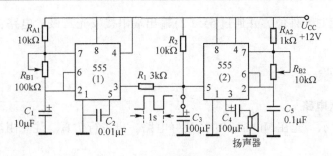

图 4-115　救护车警报器电路

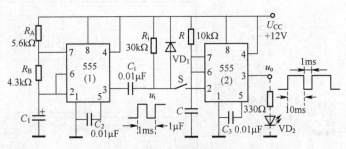

图 4-116　单稳态触发器电路

（1）电路说明

单稳态输入触发信号 U_i 由 555(1) 矩形波产生器提供，其重复频率为 1 kHz；555(2) 组成单稳态触发器。

（2）555 单稳态触发器作为触摸开关

将 555(2) 输入端的 S 断开，其引脚 2 接一金属片或一根导线，当用手触摸该导线时，相当于引脚 2 输入一负脉冲，使输出变为高电平 "1"，发光二极管亮，发光时间即为 $t_w \approx 1.1RC$。

（3）555 单稳态触发器作为分频电路

555(1) 提供的输入触发信号为一列脉冲串，当第一个负脉冲触发 555(2) 的引脚 2 后，555(2) 的引脚 3 输出 U_o 为高电平，定时电容 C 开始充电，如果 $RC \geqslant T_i$，由于 U_C 未达到 $\frac{2}{3}U_{CC}$，U_o 将一直保持为高电平，555 内部放电晶体管 VT 截止，这段时间内，输入负脉冲不起作用。

当 U_C 达到 $\frac{2}{3}U_{CC}$ 时，输出 U_o 将很快变为低电平，下一个负脉冲来到，输出又上跳为高电平，电容 C 又开始充电，如此周而复始。

图 4-117 为分频电路波形图。

输出脉冲周期：$T_o = NT_i$；分频系数 N 主要由延迟时间 t_w 决定，由于 RC 时间常数可以取得很大，故可获得很大的分频系数。

（4）实验要求

要求输出脉冲宽度为 10 ms，脉冲宽度计算公式为 $t_w \approx 1.1RC$，通过实验测量、验证；如果要求输出脉冲

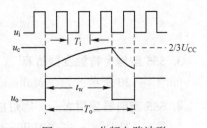

图 4-117　分频电路波形

宽度为 2 s，确定定时元件值，并通过 555(2) 输出端串接发光二极管电路，实验验证触发后的单稳态时间。

4.12.5　仿真实验

1. 多谐振荡器电路

如图 4-118 所示，先在 Multisim 中搭建好电路，再进行仿真。注意阻容值对输出频率和占空比的影响。

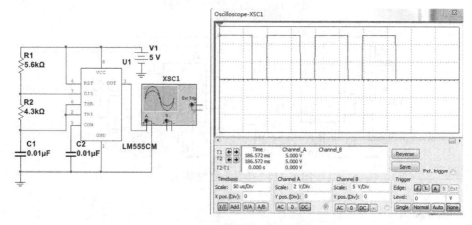

图 4-118　555 型多谐振荡器仿真

2. 555 型单稳态触发器仿真

如图 4-119 所示，先在 Multisim 中搭建好电路，再进行仿真。

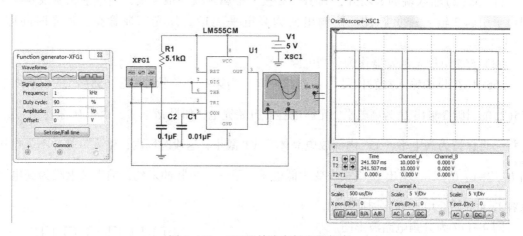

图 4-119　555 型单稳态触发器仿真

3. 555 型施密特触发器仿真

如图 4-120 所示，先在 Multisim 中搭建好电路，再进行仿真。

4. 555 定时器应用之一　彩灯控制电路

如图 4-121 所示，先在 Multisim 中搭建好电路，再进行仿真。电路中的继电器换成了反相器电路，实现了相同的功能。

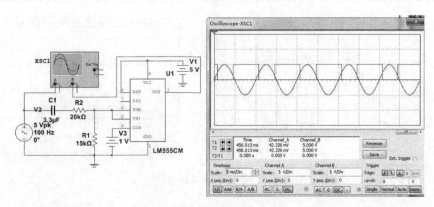

图 4-120　555 型施密特触发器仿真

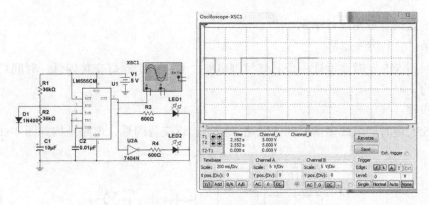

图 4-121　彩灯控制电路仿真

5. 555 定时器应用之二　救护车警报器电路

如图 4-122 所示，先在 Multisim 中搭建好电路，再进行仿真。图中用了一个 8 Ω 的电阻代替 SPEAKER 进行仿真。

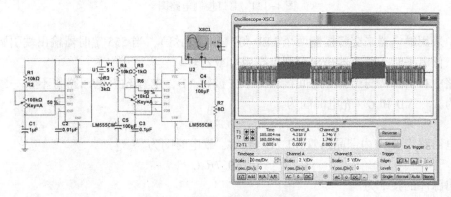

图 4-122　救护车警报器电路仿真

6. 555 定时器应用之三　单稳态触发器电路

如图 4-123 所示，先在 Multisim 中搭建好电路，再进行仿真。图中增加了一个电阻 R_6 在 U_1 的输出脚。

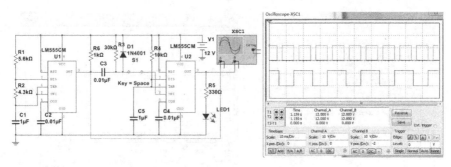

图 4-123　单稳态触发器电路仿真

4.12.6　设计实验

1. 555 定时器应用设计举例

已知条件：$V_{CC} = +12\,V$

要求：用 555 定时器设计一个彩灯控制电路，要求两个彩灯交替闪烁，时间均等，闪烁时间间隔为 1 s。

设计步骤：

采用 555 定时器组成多谐振荡器电路来控制彩灯交替闪烁，电路结构如图 4-124 所示。

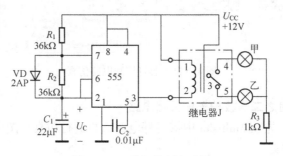

图 4-124　彩灯控制电路图

图中采用继电器来交替控制两个 LED 灯（甲、乙灯），当 555 定时器输出端引脚 3 分别输出高、低电平时，继电器输出分别点亮甲灯或乙灯。

电路中在引脚 7 与引脚 2 之间接入一个二极管 VD，电容充放电回路将不再一致，即充电回路为 R_1、VD 和 C，充电时间为

$$T_H \approx 0.7 R_1 C$$

放电回路为 R_2、内部晶体管 VT 及电容 C，放电时间为

$$T_L \approx 0.7 R_2 C$$

输出脉冲的频率为

$$f = \frac{1}{T} = \frac{1}{T_H + T_L} = \frac{1.44}{(R_1 + R_2)C}$$

取 $R_1 = R_2 = 36\,k\Omega$，电容取 $C = 22\,\mu F$。

C_2 为高频滤波电容，以保持 $2/3 U_{CC}$ 的基准电压稳定，一般取 $0.01\,\mu F$。

R_3 为限流电阻，防止电流过大造成 LED 损坏。一般 LED（甲、乙灯）正常工作时工作

电流为 $10\,mA$，其正向电压约为 $2\,V$ 左右，因此 R_3 取 $1\,k\Omega$。

2. 设计电路并组装、调整、测试各项指标

已知条件：给定 555 定时器。

要求：设计一个楼道路灯触摸点亮控制电路（555 单稳态触发器）。

指标：路灯点亮定时时间（即迟延时间）$t_w = 30\,s$。

4.12.7　预习要求

1. 预习教材或参考书中有关 555 定时电路部分的内容。
2. 仔细阅读实验教材，了解实验目的、内容、步骤及要求。
3. 学习 555 的使用方法和使用注意事项。

4.12.8　实验报告要求

1. 画出实验电路，标出各引脚和元件值。
2. 画出电路波形，标出幅度和时间。
3. 对测量结果进行讨论和误差分析。
4. 小结 555 定时器的使用方法和注意事项。
5. 回答思考题。

4.12.9　思考题

1. 555 定时器构成的振荡器，其振荡周期和占空比的改变与哪些因素有关？若只需改变周期，而不改变占空比应调整什么元件参数？
2. 555 定时器构成的单稳态触发器输出脉冲宽度和周期由什么因素决定？
3. 555 定时器引脚 5 所接电容起什么作用？
4. 巧妙设计一个由 555 构成的实用电路。

第5章 模拟电子电路综合应用实验

5.1 集成频率/电压转换电路

5.1.1 实验目的

1. 了解频率/电压转换电路工作原理。
2. 熟悉集成频率/电压转换器 LM2917 的电路结构及工作原理。
3. 了解集成频率/电压转换器 LM2917 的一般使用方法和典型应用。

5.1.2 实验仪器仪表和器材

1. 万用表   一块
2. 双踪示波器   一台
3. 信号产生器   一台
4. 低频毫伏表   一台
5. 直流稳压电源   一台
6. 数字频率计   一台
7. 模拟电子电路实验箱   一台

5.1.3 实验电路和原理

频率/电压转换电路是一种输出电压正比于输入信号频率的电路，在频率的检测和控制方面得到了起来越广泛的应用。LM2917 是一种具代表性的集成频率/电压转换电路，主要应用于超速/低速检测、频率电压转换（转速计）、测速表、速度监测器、自动门锁定控制、离合器控制等方面。

1. LM2917 的频率/电压转换电路结构图

LM2917 的频率/电压转换电路由输入比较器、电荷泵、电流源、运算放大器输出级电路四个部分组成，此外，内部还有偏置电路和 7.5 V 稳压电路，其典型应用电路及其内部组成框图如图 5-1 所示。

在图 5-1 中 R_1、R_2、R_3 和 C_1、C_2 均为外接元件；四个电流源 I_{C1}、I_{C2}、I_{D1}、I_{D2} 由电荷泵控制有无电流流过，它们的电流大小均相等，都为 $I_o = 180\ \mu A$。

2. 频率/电压转换电路工作过程

当输入信号 $U_i > 0$，即处于正半周时，比较器输出 U_1 为高电平，其值约为 $3/4U_{CC}$，此时 U_{C1} 为低电平，控制电荷泵接通电流源 I_{C1}、$I_{C2}(I_{C1} = I_{C2} = I_o)$，则两电流源分别向电容 C_1、C_2

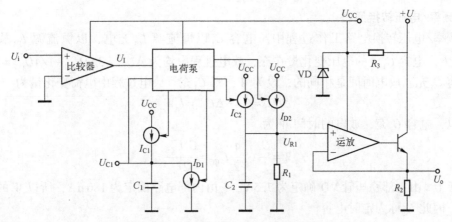

图 5-1　LM2917 内部组成电路框图

充电。当 U_{C1} 上电位上升到 $U_{C1} = 3/4U_{CC}$ 时，控制电荷泵切断 I_{C1} 和 I_{C2}，使 $I_{C1} = I_{C2} = 0$，停止对 C_1 和 C_2 的充电，$U_{C1} = 3/4U_{CC}$ 不变，C_2 则经 R_1 放电，等待 U_i 输入低电平到来。

当输入信号 $U_i < 0$ 时，即处于负半周时，比较器输出 U_1 为低电平，其值约为 $1/4U_{CC}$，此时 U_{C1} 仍然为 $3/4U_{CC}$ 的高电平，控制电荷泵接通另一组电流源 I_{D1}、$I_{D2}(I_{D1} = I_{D2} = I_o)$。于是电容 C_1 经 I_{D1} 放电，I_{D2} 继续向电容 C_2 充电，直到 C_1 放电至 $U_{C1} = 1/4U_{CC}$ 时，又控制电荷泵关闭这一组电流源，使 $I_{D1} = I_{D2} = 0$，停止对 C_2 充电和 C_1 的放电，C_1 无充放电回路并维持 $U_{C1} = 1/4U_{CC}$ 不变，C_2 则经 R_1 放电，等待 U_i 输入高电平到来。整个工作过程中各点电压的变化波形如图 5-2 所示。

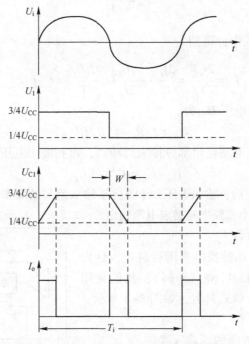

图 5-2　频率/电压转换电路中各点的波形

3. 频率/电压转换原理

在频率/电压转换电路工作过程中，电容 C_1 以恒流源 I_{C1} 充电，以恒流源 I_{D1} 放电，且 $I_{C1}=I_{D1}=I_o$，电容 C_1 上的电压变化量在充、放电过程中均为 $\Delta U_{C1}=3/4U_{CC}-1/4U_{CC}=1/2U_{CC}$，所以电容 C_1 充、放电时间是相同的，设为 W，则 C_1 充、放电过程中电荷变化量为

$$\Delta Q_{C1}=C_1 \cdot \Delta U_{C1}=I_o W$$

所以，电容 C_1 充、放电的时间 W 为

$$W=\frac{C_1}{I_o} \cdot \frac{1}{2}U_{CC}=\frac{C_1 U_{CC}}{2I_o}$$

由于 U_{CC} 由内部稳压管 VD 确定为 7.5 V，I_o 由内部电路确定为 180 μA，所以 W 的大小由 C_1 决定，因此 C_1 称为定时电容。

由于无论输入信号 $U_i>0$ 或 $U_i<0$，恒流源都是对电容器 C_2 充电，I_{C2} 充电时间为 W，I_{D2} 充电时间也为 W，所以在输入信号的一个周期 T_i 内，则恒流源 I_{C2} 和 I_{D2} 泵入 C_2 的总电荷量为

$$\Delta Q_{C2}=I_{C2}W+I_{D2}W=2I_o W$$

由于电阻 R_2 始终与 C_2 相连接，C_2 通过 R_2 放电，在一个周期内通过 R_2 泄放的电荷量为

$$\Delta Q'_{C2}=I_{dc}T_i$$

上式中 I_{dc} 为 C_2 的平均输出电流，T_i 为输入信号周期。因此在处于动态平衡时，电容 C_2 上充得的总电荷量 ΔQ_{C2} 必定等于通过 R_2 泄放的电荷量，得

$$2I_o W=I_{dc}T_i$$

所以 C_2 的平均输出电流为

$$I_{dc}=\frac{2I_o W}{T_i}$$

将 $W=\dfrac{C_1 U_{CC}}{2I_o}$ 代入上式中，得到

$$I_{dc}=\frac{2I_o W}{T_i}=\frac{2I_o}{T_i} \cdot \frac{C_1 U_{CC}}{2I_o}=\frac{C_1 U_{CC}}{T_i}=C_1 f_i U_{CC}$$

因此，R_1 两端的平均电压 U_{R1} 为

$$U_{R1}=I_{dc}R_1=C_1 R_1 f_i U_{CC}$$

根据图 5-1 图已知此电路输出部分接成射随器，得到输出电压 U_o 为

$$U_o=U_{R1}=C_1 R_1 f_i U_{CC}$$

因此，当 C_1 和 R_1 选定后，输出电压大小正比于输入信号的频率，则输入信号的频率大小转换成输出直流电压的大小，频率转换成电压输出。

4. LM2917 引脚及封装

LM2917 集成频率/电压转换器有两种封装，分为 LM2917N（14 脚）和 LM2917N8（8 脚），我们常用的是 LM2917N，为双排直插式封装，如图 5-3 所示。

各引脚的功能如下：

① 1 脚和 11 脚为比较器的两输入端。

② 2 脚接电荷泵的定时电容 C_1。

③ 3 脚连接 $R_1 C_2$ 网络。

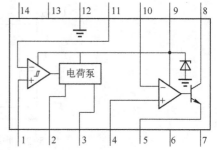

图 5-3   LM2917N 引脚图

④ 4 脚和 10 脚为运算放大器的输入端。

⑤ 5 脚为输出端，取自输出晶体管的发射极。

⑥ 8 脚为输出晶体管的集电极，一般接电源。

⑦ 9 脚为 U_{CC} 端。

⑧ 12 脚接地。

⑨ 6，7，13，14 脚未用。

输出晶体管的集电极电位可高于 U_{CC}，一般取+9~16 V 较好，允许的最大电压 V_{CE} 为28 V。为保证内部稳压管工作，供电电压不能低于+7.5 V（即 U_{CC}）值，确保稳压管向内部各级提供 7.5 V 的 U_{CC}，并且引脚 9 与外接电源之间要接限流电阻 R_3，R_3 值一般约为几百欧姆。

LM2917 在应用时一般 3 脚与 4 脚相连，11 脚与 12 脚相连。LM2917 的输出驱动晶体管的集电极与发射极都悬空，以便于用户根据不同要求，连接所要求的驱动方式和负载，集电极驱动能力约为 50 mA，若仅作一般频率/电压转换，常把 5 脚与 10 脚相接，再接负载 R_2 到地。

5. 外围元件 R_1、C_1 和 C_2 的选择

为了获得频率/电压转换的最佳性能，必须仔细选择合适的定时电容 C_1 和 $R_1 C_2$ 网络，已知电容 C_2 的平均输出电流 I_{dc} 由电容 C_1 和输入信号频率 f_i 决定，且 C_1 值越大，输入信号频率 f_i 越高，C_2 上的平均输出电流 I_{dc} 也就越大。但是 I_{dc} 的值有上限，即最大值不能超过充电电流 I_{C2} 和 I_{D2}（即恒流源电流 I_o），即

$$I_{dc} \leqslant I_o$$
$$C_1 f_{imax} U_{CC} \leqslant I_o$$

所以电容 C_1 的选择要满足

$$C_1 \leqslant \frac{I_o}{U_{CC} f_{imax}}$$

由于 $I_o = 180\,\mu A$，$U_{CC} = 7.5\,V$，所以 C_1 的最大值完全受输入信号的最高频率约束。但是 C_1 也不可取得过小，否则 C_2 的漏电电流与 C_2 的平均输出电流相比不能忽略时，就会在 R_1 上产生误差电流，特别是在输入信号频率较低时更是如此，因此 C_1 的值一般应大于 100 pF，才能使器件取得准确的转换结果。

根据滤波原理，$R_1 C_2$ 中的 C_2 对频率/电压的转换精度影响不大，但对 R_1 两端平均电压 U_{R1}（即输出电压 U_o）的波纹大小有很大影响。理论上要求时间常数 $R_1 C_2$ 要远大于输入信号最大周期 T_{imax}，才能获得波纹极小的平均电压 U_{R1}，但时间常数 $R_1 C_2$ 太大，会使 R_1 两端的平均电压 U_{R1} 建立时间过长，影响转换灵敏度。因此，要兼顾波纹电压大小和转换灵敏度，通常取

$$R_1 C_2 > (5 \sim 10) T_{imax}$$

电阻 R_1 的参数选择应做以下考虑：首先通过电阻 R_1 的平均输出电流值，不能超过充电恒流源 I_o，否则 C_2 上无法获得平均电压，即

$$\frac{U_{omax}}{R_1} < I_o \Rightarrow R_1 > \frac{U_{omax}}{I_o}$$

但 R_1 的值也不可取值过大，由前式 $U_o = U_{R1} = C_1 R_1 f_i U_{CC}$ 可知，在较低的工作频率 f_i 条件

下就可使 $U_o \geqslant U_{CC}$，使 U_o 正比于 f 的关系不成立，从而进入非线性工作区，造成转换不正常，所以 R_1 的取值也约束了最大输入信号频率。一般 C_1 较大时，R_1 取小些，反之亦然。

在外接元件 C_1、C_2 和 R_1 的参数选择上要考虑多方面的因素，在纹波、响应时间和线性度之间仔细地进行折中选择，合理调试，才能达到良好的转换特性。

5.1.4 实验内容

1. LM2917 组成频率/电压转换电路

LM2917 组成频率/电压转换实验电路如图 5-4 所示，LM2917 的引脚 2 外接定时电容 C_1，引脚 3、4 相连接，外接 $R_1 C_2$ 网络，引脚 11 和引脚 12 均接地，将输出级运放的反相端与输出晶体管的发射极相接与负载 R_2 构成跟随器电路的方式，构成了基本的频率/电压转换电路，$U_o = C_1 R_1 f_i U_{CC}$，式中 U_{CC} 的值等于内部稳压管的稳压值。

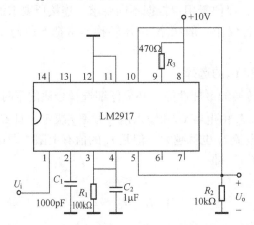

图 5-4 用 LM2917 组成频率/电压转换实验电路

1）按图 5-4 连接实验电路，加电源 +10 V 于 LM2917 的引脚 8。

2）测量 LM2917 的引脚 9 直流电压，此即为内部稳压管的稳压值 U_{CC}。

3）LM2917 的引脚 1 输入一个正弦交流信号，幅度应大于 50 mV，频率从 1 kHz 逐步上升到 20 kHz，测量其对应的 U_o 电压值，绘出 $U_o \sim f_i$ 曲线。

4）在 LM2917 的引脚 1 输入一个任意频率的正弦波信号，测量 R_2 上的电压 U_o，根据前面测得的 $U_o \sim f_i$ 的对应关系，可以推算出输入信号的频率，因此图 5-4 的电路可作为测频电路使用。

2. LM2917 组成超速报警电路

LM2917 还可以接成开环工作方式，即将输出级运放作为比较器来运用，后级驱动晶体管则作为电子开关来运用。这种类型的工作方式常可构成超速报警或超速控制电路，其输出部分电路结构如图 5-5 所示，完整的电路连接图如图 5-6 所示。

在图 5-5 电路中 R_4 和 R_5 构成分压电路，给运放反相端提供参考电压 U_{R5}

$$U_{R5} = \frac{R_5 U_{CC}}{R_4 + R_5}$$

U_{R5} 代表最高转速 n_{max} 所对应的信号电压，当 $U_{R1} \geqslant U_{R5}$ 即转速 $n > n_{max}$ 时，比较器输出状态翻转，输出高电平，驱动晶体管导通，发光二极管导通则发光，以此表示被测转速已超过最高转速。R_2 是限流电阻，一般为几百欧姆，主要是防止发光二极管导通电流过大，损坏二极管。由图 5-1 中已知 $U_{R1} = I_{dc} R_1 = C_1 R_1 f_i U_{CC}$，可以逐步推导得：

$$f_i \geqslant \frac{R_5}{R_4 + R_5} \cdot \frac{1}{C_1 R_1}$$

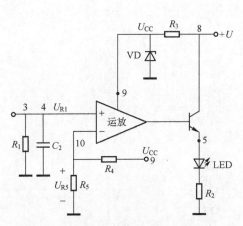

图 5-5　LM2917 输出级开环工作方式

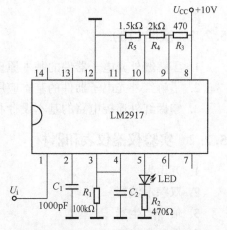

图 5-6　LM2917 构成超速报警实验电路

所以当输入信号的频率大于上式时，发光二极管点亮，超速报警。

1）按图 5-6 连接实验电路，加电源 +10 V 于 LM2917 的引脚 8。

2）算出 U_{R5} 的电压值，$U_{R5} = \dfrac{R_5 U_{CC}}{R_4 + R_5} = 3.2\ \text{V}$，根据实验 1 中测出的 $U_o \sim f_i$ 曲线，大致确定当 $U_{R1} \geqslant U_{R5}$ 时的频率 f_i。

3）测出准确的 f_{max} 值（最高允许输入频率，即最高时速）。一旦输入信号频率大于 f_{max}，则 LED 就会点亮。

5.1.5　预习要求

1. 预习教材或参考书中有关频率/电压转换电路部分的内容。
2. 仔细阅读实验教材，了解实验目的、内容、步骤及要求。
3. 学习有关 LM2917 的使用方法和使用注意事项。

5.1.6　实验报告要求

1. 画出实验电路，标出各引脚和元件值。
2. 画出频率/电压转换电路各点的波形。
3. 对测量结果进行讨论和误差分析。
4. 小结 LM2917 的使用方法和注意事项。
5. 回答思考题。

5.1.7　思考题

1. LM2917 引脚 1 的输入信号可否是方波信号或三角波，为什么？

2. LM2917 所接的供电电源是否一定要高于 U_{CC}，为什么？

3. 对于超速报警电路，如何能根据已知的最高限速频率来确定 R_4 和 R_5 的取值？

5.2 简易红外遥控电路

5.2.1 实验目的

1. 了解红外光电子器件的基本原理。
2. 了解红外光电子器件的基本应用。
3. 掌握红外遥控电路的基本设计和工作原理。

5.2.2 实验仪器仪表和器材

1. 万用表　　　　　　　　　　　　　　　一块
2. 双踪示波器　　　　　　　　　　　　　一台
3. 信号产生器　　　　　　　　　　　　　一台
4. 低频毫伏表　　　　　　　　　　　　　一台
5. 直流稳压电源　　　　　　　　　　　　一台
6. 数字频率计　　　　　　　　　　　　　一台
7. 模拟电子电路实验箱　　　　　　　　　一台

5.2.3 实验电路和原理

　　红外遥控是目前家用电器中用得较多的遥控方式。红外遥控系统中核心器件一般分发射和接收两个部分。发射部分的主要元件为红外发光二极管，它实际上是一种特殊的发光二极管，由于其内部材料不同于普通发光二极管，因而在其两端施加一定电压时，它发出的是红外线而不是可见光。我们知道，人的眼睛能看到的可见光按波长从长到短排列，依次为红、橙、黄、绿、青、蓝、紫。其中红光的波长范围为 $0.62 \sim 0.76\,\mu m$；紫光的波长范围为 $0.38 \sim 0.46\,\mu m$。比紫光波长还短的光叫紫外线，比红光波长还长的光叫红外线，红外线遥控就是利用波长为 $0.76 \sim 1.5\,\mu m$ 之间的近红外线来传送控制信号。目前大量使用的红外发光二极管发出的红外线波长为 $0.94\,\mu m$ 左右，外形与普通发光二极管相同，只是颜色不同。红外发光二极管一般有黑色、深蓝、透明三种颜色。判断红外发光二极管好坏的办法与判断普通二极管一样，用万用表电阻档测量红外发光二极管的正、反向电阻即可。红外发光二极管的发光效率要用专门的仪器才能精确测定。

　　红外接收电路通常由红外接收二极管与放大电路组成，红外接收管是一种光敏二极管。在实际应用中要给红外接收二极管加反向偏压，它才能正常工作，即红外接收二极管在电路中应用时是反向运用，这样才能获得较高的灵敏度。由于红外发光二极管的发射功率一般都较小（$100\,mW$ 左右），所以红外接收二极管接收到的信号比较微弱，因此常附加高增益放大电路。为了使用方便，目前常将红外接收管与放大电路集成在一起，称为红外接收头。红外接收头体积小（大小与一只小功率晶体管相当），密封性好，灵敏度高，只有三条引脚，分别是电源正（Vcc）、电源负（GND）、信号输出端（OUT），工作电压在 5 V 左右，只要给它接上电源即是一个完整的红外接收装置，使用十分方便。成品红外接收头的封装大致有两种：一种采用铁皮屏蔽；一种是塑料封装。图 5-7 给出一些成品红外接收头的外形。红外接收头的引脚排列因型号不同而不尽相同，可参考厂家的使用说明。

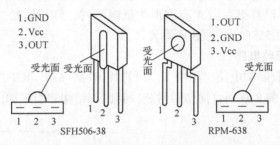

图 5-7　部分红外接收头的外形与引脚排列

红外接收头的优点是不需要复杂的调试，使用起来如同一只晶体管，非常方便，并且使用时不影响周边环境，不干扰其他电器设备。由于其无法穿透墙壁，故不同房间的家用电器可使用通用的遥控器而不会产生相互干扰；生产厂家生产了大量红外遥控专用集成电路，编解码容易，可进行多路遥控，因此，现在红外遥控在家用电器、室内近距离（小于 10 m）遥控中得到了广泛的应用。但在使用时应注意红外接收头的载波频率。红外遥控常用的载波频率为 38 kHz，这是由发射端的载波频率来决定的。

1. 简易红外遥控发射电路

在不需要多路控制的红外遥控应用场合，可以不使用较贵的红外遥控专用集成电路，使用常规的集成电路组成简易红外遥控电路，不需编码，成本较低，调试简单。简易红外遥控发射电路如图 5-8 所示。

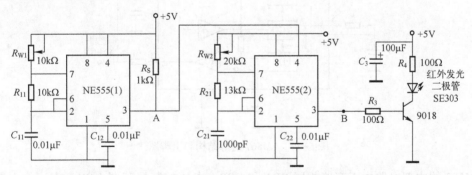

图 5-8　简易红外遥控发射实验电路

图 5-8 中遥控电路的发射电路可分为三个部分，晶体管 9018 和红外发光二极管 SE303 组成红外遥控信号的发送部分，SE303 是常用的红外发光二极管，其管压降约为 1.4 V，工作电流小于 20 mA，电阻 R_4 为限流电阻，防止红外发光二极管电流过大。两片 NE555 分别组成两个多谐振荡器，振荡频率为

$$f = \frac{1}{(R_W + 2R_1)C_1 \ln 2} \approx \frac{1.43}{(R_W + 2R_1)C_1}$$

NE555(2) 及其外围元件组成载波振荡器，调节 R_{W2} 使之振荡频率 $f_0 = 38$ kHz 左右；NE555(1) 及其外围元件组成低频振荡器，调节 R_{W1} 使之振荡频率约为 $f_1 = 6$ kHz，输出端引

脚 3 通过电阻 R_S 连接到 NE555(2) 的引脚 4,控制其振荡的有无,因此 NE555(2) 的输出端引脚 3 的波形是断续的载波,表示低频振荡信号 f_1 调制在载波信号 f_0 上,A 点和 B 点波形如图 5-9 所示,图中 B' 波形是 NE555(2) 的引脚 4 不加调制波形,直接接电源电压 +5 V 时 B 点的波形。由图 5-9 可以看出,当 A 点波形为低电平时,红外发光二极管不发射载波,这一停一发的频率就是 NE555(1) 的振荡频率 f_1。

2. 简易红外遥控接收电路

图 5-10 为红外接收解调电路。图中 IC1 可选用 RPM-638,IC2 是 LM567。LM567 是单片锁相环电路,采用引脚 8 双列直插塑料封装,其内部结构和引脚如图 5-11 所示。

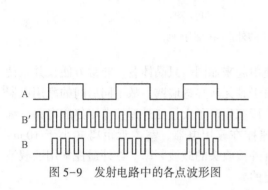

图 5-9 发射电路中的各点波形图

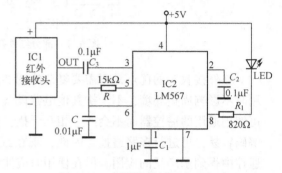

图 5-10 红外接收解调实验电路

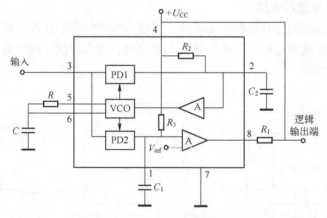

图 5-11 LM567 内部结构和引脚图

LM567 的内部电路由正交鉴相器 PD1 和 PD2、电压控制振荡器 VCO、直流放大器和驱动电路构成。其引脚 5、引脚 6 外接的定时电阻和电容,决定了内部压控振荡器的中心频率 f_2,即

$$f_2 \approx \frac{1}{1.1RC}$$

LM567 的引脚 2 外接电容 C_2 构成环路滤波器,其容量大小决定锁相环路的捕捉带宽:电容量越大,环路带宽越窄。LM567 的引脚 1 外接电容 C_1 构成环路单级低通滤波网络,以滤除正交鉴相器的各种寄生输出噪声,一般选择 C_1 的容量至少是 C_2 的两倍以上;引脚 3 是外部信号输入端,要求输入信号 ≥ 25 mV;引脚 8 是逻辑输出端,其内部是一个集电极开路的晶体管,允许最大灌入电流为 100 mA,所以可驱动一般小型继电器;引脚 4 和引脚 7 分

别是 LM567 的电源端和接地端。

LM567 的工作电压为 4.75~9 V，锁定频率范围很宽（0.1 Hz~500 kHz），中心频率的稳定度高。LM567 的基本功能为：当 LM567 的引脚 3 输入幅度≥25 mV、频率在其锁相环路带宽内的信号时，引脚 8 由高电平变成低电平，由引脚 2 输出经频率/电压变换的音频信号；如果在器件的引脚 2 输入音频信号，则在引脚 5 输出受引脚 2 输入信号控制的调频方波信号。

图 5-10 中，红外接收头 RPM-638 的主要功能包括放大、选频、解调三部分，当红外接收头接收到已被调制的红外遥控信号后，经过它的接收、放大和解调会在输出端 OUT 得到原始的信号 f_1，f_1 信号送到 LM567 的引脚 3 输入端，当 f_1 在 LM567 锁相环的锁定频率范围内时，LM567 的引脚 8 输出由高电平变为低电平，这时发光二极管 LED 应点亮，此为遥控成功的标志。

5.2.4　实验内容

1. 红外发射电路

（1）连接图 5-8 所示的电路，加电源+5 V。

（2）测量 A 点波形及频率，调节 R_{W1} 使 A 点频率为 6 kHz。

（3）测量 B 点波形及频率，调节 R_{W2} 使 B 点频率为 38 kHz。

2. 红外接收电路

（1）连接图 5-10 所示的电路，先不接红外接收头，加电源+5 V。

（2）在 LM567 输入检测信号（检测信号由信号发生器产生），当检测信号频率=6 kHz，即 $f_1=f_2$ 时，LM567 的引脚 8 由高电平变为低电平，LED 亮，为锁定状态；当检测信号频率 $f_1 \neq f_2$ 时，LED 不亮，表示不锁定。

（3）连接上红外接收头，将简易红外遥控发射实验电路中红外发光二极管对准红外接收头，不要遮挡住红外发光二极管和红外接收头，当红外发射电路接上电源+5 V 时，红外接收解调电路的 LED 点亮，而当红外发射电路断开电源+5 V 时，红外接收解调电路的 LED 不亮，实现了遥控的功能。

5.2.5　预习要求

1. 预习教材或参考书中有关红外发射与接收电路部分的内容。
2. 仔细阅读实验教材，了解实验目的、内容、步骤及要求。
3. 学习有关红外发射及接收器件的使用方法和使用注意事项。

5.2.6　实验报告要求

1. 画出实验电路，标出各引脚和元件值。
2. 画出发射电路中 A、B 点的波形图。
3. 对测量结果进行讨论。
4. 小结红外发射和接收器件的使用方法和注意事项。
5. 回答思考题。

5.2.7　思考题

1. 在图 5-8 所示红外发射电路中，调制信号由 NE555 产生，能否用其他方式产生调制信号，请画出电路图。

2. 如何利用简单红外遥控电路来做成遥控家用电器的开关?

3. 能否将本实验中简易红外遥控电路改造成多路遥控开关? 自己设计电路图。（提示：在发射电路中，将图 5-8 中电容 C_{11} 变成若干档不同的数值，由此形成若干种频率不同的调制信号；在接收电路中，设置若干个 LM567 锁相环，其输入均来自红外接收头，各个LM567 的振荡频率不同，但与发射电路中调制信号频率一一对应。这样当发射器中电容换不同档，表示接入不同的调制信号时，在接收端对应的 LM567 的引脚 8 电平就会发生变化，由此形成多路控制。）

5.3　直流稳压电源

5.3.1　实验目的

1. 进一步加深对整流、滤波和稳压原理的理解。
2. 学会正确使用典型三端式单片集成稳压电源芯片。
3. 了解通用小功率稳压电源的设计过程和调试。

5.3.2　实验仪器仪表和器材

1. 万用表 　　　　　　　　　　　　　　　一块
2. 双踪示波器 　　　　　　　　　　　　　一台
3. 低频毫伏表 　　　　　　　　　　　　　一台
4. 模拟电子电路实验箱 　　　　　　　　　一台

5.3.3　实验电路和原理

直流稳压电源一般由电源变压器、整流滤波电路及稳压电路组成，它将交流市电变换为稳定直流电，其结构框图如图 5-12 所示。

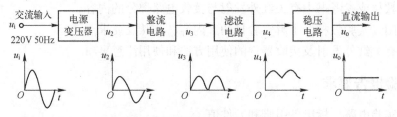

图 5-12　直流稳压电源组成框图

1. 集成稳压电源的基本组成

（1）电源变压器

电源变压器的作用是将电网 220 V 的交流电压变换成整流滤波电路需要的交流电压 U_i。

（2）整流电路

整流电路是利用二极管的单向导电性能，把交流电 u_i 变换成单向的脉动直流电压。

常用的整流滤波电路有半波整流电路、全波整流电路、桥式整流电路，其电路结构如图 5-13 所示，其中桥式整流电路的总体性能较高，它在正负半周内都有电流供给负载，电源变压器得到了充分的利用，效率较高，同时克服了全波整流电路要求变压器二次侧有中心抽头和二极管承受的最大反向电压较高的缺点，因此，桥式整流电路在实际应用中颇为广泛。

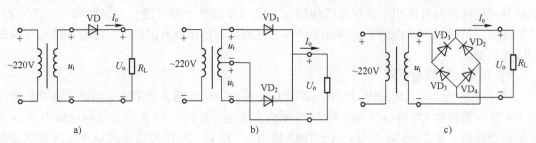

图 5-13　常用单相整流电路

a）半波整流电路　b）全波整流电路　c）桥式整流电路

（3）滤波电路

整流电路虽然可以把交流电转换为直流电，但是所得到的输出电压是单向脉动电压，这种脉动很大的波形既包含直流成分，也包含基波、各次谐波等交流成分，但我们所需要的是直流成分，还需要经过滤波电路，改善输出电压的脉动程度。滤波电路一般由电抗性元件组成，它主要是利用电感和电容对交、直流阻抗的不同，实现滤波。电容器 C 对直流开路，对交流阻抗小，所以电容 C 应并联在负载两端。电感器 L 对直流阻抗小，对交流阻抗大，因此 L 应与负载串联。因电容比电感体积小、成本低，故在小功率直流电源中多采用电容滤波电路。图 5-14 为桥式整流电容滤波电路。

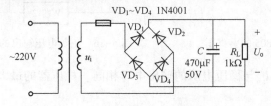

图 5-14　桥式整流电容滤波电路

在图 5-14 中，并联在负载两端的电容器 C 在电源供给的电压升高时，它把部分能量存储起来，而当电源电压降低时，就把能量释放出来，使负载电压比较平滑，即电容 C 具有消除纹波的作用。当电容 C 的容量足够大时，它对交流所呈现的阻抗很小，即交流短路，从而使输出趋于一个理想的直流。输出电压 U_o 与整流电路输入端交流电压 u_i 之间的关系可近似为 $U_o = 1.2 U_i$。

采用电容滤波时，输出电压的脉动程度与电容器的时常数 $R_L C$ 有关，$R_L C$ 大，脉动就小，输出就平滑。为了得到较平滑的直流输出电压，通常要求 $R_L C \geqslant (3 \sim 5) \dfrac{T}{2}$，$T$ 为电源交流电压的周期。

（4）稳压电路

稳压电路由取样、基准、比较放大和调整元件几部分组成。它是一个闭环系统，工作过程为：取样部分把输出电压变化全部或部分取出来，送到比较放大器与基准电压相比较，并把比较误差电压放大，用来控制调整元件，使之产生相反的变化来抵消输出电压的变化，从而达到稳定输出电压的目的。

目前，由分立元件构成的稳压器几乎被淘汰，取而代之的是应用广泛的集成稳压器。三端式集成稳压器具有体积小、重量轻的特点，使用和调整十分方便，可靠性高，性能完善，价格便宜，目前已广泛应用于各种电子设备。常用集成稳压器有固定式三端稳压器与可调试三端稳压器。

1）固定式三端稳压器

固定输出稳压电源常采用固定式三端稳压器作为稳压电路，固定式三端稳压器常见产品有 CW78×× 系列和 CW79×× 系列。其中 78 系列为正电压输出，79 系列为负电压输出，×× 表示输出电压值，如 7805 输出为 +5 V，7912 输出为 -12 V。78 系列固定式单片集成稳压器最大输出电流为 1.5 A，芯片内设有过电流、过热和短路保护电路，不需外接调整元件，允许的输入输出电压之差不低于 2 V，允许的最大输入电压不超过 35 V。固定稳压器和可调稳压器的品种型号和外形结构很多，功能引脚的定义也不同，具体应用时，要根据型号，查相关的器件手册，以便正确使用。图 5-15 为 CW7805 的引脚图，图 5-16 为固定式正负电压输出的典型应用电路。

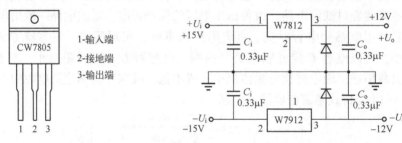

图 5-15　CW7805 的引脚图　　　图 5-16　正负电压输出的典型应用

集成稳压器的输出 U_o 与稳压电源的输出电压相同。稳压器的最大允许电流 $I_{CM} < I_{omax}$，输入电压 U_i 的范围是：

$$U_o + (U_i - U_o)_{min} \leqslant U_i \leqslant U_o + (U_i - U_o)_{max}$$

式中，$(U_i - U_o)_{min}$ 为最小输入输出电压差，如果达不到最小输入输出电压差，则不能稳压；$(U_i - U_o)_{max}$ 为最大输入输出电压差，如大于该值，则会造成稳压块功耗过大而损坏，即：$(U_i - U_o)_{max} I_{omax} > P_{omax}$。

2）可调试三端稳压器

可调式输出稳压电源能输出连续可调的直流电压，常采用可调输出电压的三端稳压器作为稳压电路，常见产品有 CW117、W317（正电压输出），CW137、W337（负电压输出）等。CW317 系列稳压器输出连续可调的正电压，电压范围为 1.25～37 V，稳压器内部含有过电流、过热和安全区保护电路，最大输出电流为 1.5 A，允许的输入输出电压之差不低于 3 V，允许的最大输入电压不超过 40 V。图 5-17 为 CW317 的引脚图，图 5-18 为可调式三端稳压器的典型应用电路。正压系列典型电路如图 5-18a 所示，负压系列典型电路如图 5-18b 所示。

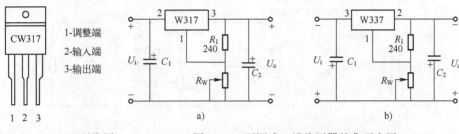

图 5-17　CW317 引脚图　　　　图 5-18　可调式三端稳压器的典型应用

a）可调正压输出　b）可调负压输出

W317 系列稳压块能在输出电压为 1.25～37 V 的范围内连续可调，外接元件只需一个固定电阻和一个电位器，其芯片内有过电流、过热和安全工作区保护，最大输出电流为 1.5 A。W337 系列与 CW317 系列相比，除了输出电压极性、引脚定义不同外，其他特点都相同。

图 5-18a 中，R_1 与电位器 R_W 组成电压输出调节器，由于流过调整端电流很小（约等于 50 μA），所以在设计分压电阻时，可忽略它的影响。输出端到调整端的电压差为稳压器的基准电压，典型值为 1.25 V，则输出电压 U_o 的表达式为

$$U_o \approx 1.25(1 + R_W/R_1)$$

R_1 的值一般为典型值 240 Ω，流经 R_1 的泄放电流为 5～10 mA。

2. 固定输出稳压电源

图 5-19 为固定输出稳压电源实验电路，采用了集成三端稳压器 CW7805，图中 FU 为熔断器，以防电源输出端短路损坏变压器或其他器件；$VD_1 \sim VD_4$ 组成桥式整流电路；C_1 为滤波电容；C_3 为输出端辅助滤波电容，以减小输出的波纹电压，容量一般可取（100～470 μF）；C_2 和 C_4 容量较小，一般 C_2 取 0.33 μF，C_4 取 0.1 μF，接入电路以便抑制自激振荡和高频噪声；R_L 为负载电阻。

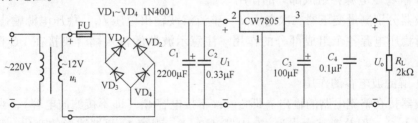

图 5-19　固定输出稳压电源实验电路

3. 可调式输出稳压电源

图 5-20 为可调式稳压电源实验电路，采用了可调式三端稳压器 CW317，图中 FU 为熔断器，以防电源输出端短路损坏变压器或其他器件；$VD_1 \sim VD_4$ 组成桥式整流电路；C_1 为滤波电容；R_1 与电位器 R_{W1} 组成电压输出调节电路，输出端到调整端的电压差为稳压器的基准电压，典型值为 1.25 V，输出电压 U_o 的表达式为

$$U_o \approx 1.25\left(1 + \frac{R_{W1}}{R_1}\right)$$

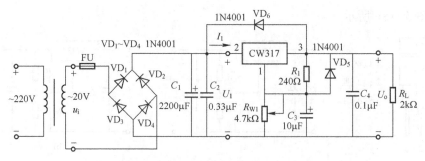

图 5-20　可调式稳压电源实验电路

R_1 的值一般为典型值 $240\,\Omega$，流经 R_1 的泄放电流为 $5\sim10\,\text{mA}$。R_{W1} 为精密可调电位器，电容 C_3 与 R_{W1} 并联组成滤波电路，以减小输出的波纹电压。由于 C_3 的存在，当集成稳压器输入端或输出端发生短路，C_3 中存储的电荷会通过稳压器内部的调整管和基准放大管而损坏稳压器。为了防止这种情况下 C_3 的放电电流通过稳压器，在 R_1 两端并接一只保护二极管 VD_5。C_2、C_4 为抑制自激振荡和高频噪声的电容，由于 C_4 的存在，当集成稳压器的输入端发生短路，C_4 将对稳压器的输出端放电，其放电电流可能损坏稳压器，故在稳压器的输入与输出端之间，接一只保护二极管 VD_6。

5.3.4　实验内容

1. 固定输出稳压电源

（1）连接实验电路

连接图 5-19 所示固定输出稳压电源实验电路，CW7805 稳压器要接适当大小的散热片。注意三端稳压器与电容间的引线也应尽量短，4 个整流二极管 1N4001 和 CW7805 引脚不要接错，两个滤波电容的极性不要接反，否则会损坏器件。

（2）了解稳压电源各组成部分的作用

用示波器分别测量变压器二次电压 u_i，整流滤波输出电压 U_1、稳压电源输出电压 U_o 的波形，了解稳压电源各个组成部分的作用。注意示波器的输入耦合要接在 DC 档，即直流耦合。

（3）了解滤波电容的作用

将示波器接在整流电路的输出（即 U_1），不接电容 C_1（即不接滤波电容），观察 U_1 两端的波形。接入 C_1，但改变其大小为 $47\,\mu\text{F}$ 或 $4.7\,\mu\text{F}$，观察 U_1 两端波形的变化，记录测试的结果。

（4）测量稳压电源的直流输出及波纹电压

用万用表直流电压档测量负载 R_L 两端的电压 U_o；用毫伏表测量 R_L 两端的交流电压的有效值，即稳压电源的波纹电压。

改变 R_L 的值为 $390\,\Omega$ 或 $100\,\Omega$，再次测量直流输出电压及波纹电压，观察负载变化时对电源稳压值有无影响，与前面测量结果进行比较。

2. 可调式输出稳压电源

（1）连接实验电路

连接图 5-20 所示可调输出稳压电源实验电路，CW317 稳压器要接适当大小的散热片。

注意三端稳压器与电容间的引线也应尽量短，4 个整流二极管 1N4001 和 CW317 引脚不要接错，两个滤波电容的极性不要接反，否则会损坏器件。

（2）了解稳压电源各组成部分的作用

用示波器分别测量变压器二次电压 u_i，整流滤波输出电压 U_1、稳压电源输出电压 U_o 的波形，了解稳压电源各个组成部分的作用。注意示波器的输入耦合要接在 DC 档，即直流耦合。

（3）了解滤波电容的作用

将示波器接在整流电路的输出（即 U_1），不接电容 C_1（即不接滤波电容），观察 U_1 两端的波形。接入 C_1，但改变其大小为 47 μF 或 4.7 μF，观察 U_1 两端波形的变化，记录测试的结果。

（4）测量稳压电源的直流输出及波纹电压

改变电位器 R_{W1} 的阻值，阻值由最小变到最大，用万用表直流电压档测量负载 R_L 两端的电压 U_o，测量输出电压的调整范围；用毫伏表测量 R_L 两端的交流电压的有效值，即稳压电源的纹波电压。

改变 R_L 的值为 390 Ω 或 100 Ω，再次测量输出电压的调整范围及纹波电压，观察负载变化时对电源稳压值有无影响，与前面测量结果进行比较。

5.3.5　预习要求

1. 预习教材或参考书中有关整流、滤波、稳压电路部分的内容。
2. 仔细阅读实验教材，了解实验目的、内容、步骤及要求。
3. 学习有关三端式集成稳压器的使用方法和使用注意事项。

5.3.6　实验报告要求

1. 画出实验电路，标出各引脚和元件值。
2. 对测量结果进行讨论。
3. 小结三端集成稳压器的使用方法和注意事项。
4. 回答思考题。

5.3.7　思考题

1. 桥式整流器的输出波形与输入波形的主要差别是什么？
2. 整流电路输出经过或不经过滤波电容，其输出有无变化？为什么？
3. 示波器在测量桥式整流电路输出电压波形时，输入耦合分别用 DC 或 AC，测量波形有何不同？为什么？
4. 图 5-19 中的熔断器 FU 有何作用？可否接在变压器的一次侧？为什么？

5.4　音响功率放大器

5.4.1　实验目的

1. 了解音响功率放大器的基本组成。频率/电压转换电路工作原理。

2. 了解音响功率放大器各组成部分的工作原理，了解模拟综合电子电路的设计方法和工作原理。

3. 掌握模拟综合电子电路的组装、焊接、电路调整和测试方法。

4. 学会模拟综合电子电路故障分析、排除方法、提高实践技能。

5.4.2　实验仪器仪表和器材

1. 万用表 　　　　　　　　　　　　　　　一块
2. 双踪示波器 　　　　　　　　　　　　　一台
3. 低频毫伏表 　　　　　　　　　　　　　一台
4. 直流稳压电源 　　　　　　　　　　　　一台
5. 多功能电路板 　　　　　　　　　　　　一块

5.4.3　实验电路和原理

音响放大器是一种应用广泛、实用性强的电子音响设备，它主要应用于对微弱音频信号的放大以及音频信号的传输增强和处理。音响放大器电路实际上是一个典型的多级放大器，按其功能构成可分为前置放大器、混音处理器、音调控制器和功率放大器等部分，图5-21为音响放大器组成及各级电压增益分配框图。

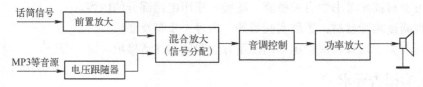

图 5-21　音响放大器组成及各级电压增益分配框图

1. 前置放大电路

前置放大的作用是将音源输入的信号进行放大，音源种类有多种，如话筒、电唱机、录音机、CD 唱机及线路传输等，这些音源的输出信号的电压差别很大，从零点几毫伏到几百毫伏。一般功率放大器的输入灵敏度是一定的，这些不同的音源信号如果直接输入到功率放大器，若输入信号幅度过低，则功放输出功率不足，不能充分发挥功放的作用；若输入信号幅度过大，功放的输出信号将会过载失真，这样都会失去音响放大的意义。

因此，音响功率放大器必须设置前置放大器，以便使放大器适应不同的输入信号，或放大，或衰减，或进行阻抗变换，使其与功率放大器的输入灵敏度相匹配。对于话筒和线路输入信号，一般只需将输入信号进行放大或衰减，不需要进行频率均衡。前置放大器的主要功能一是使话筒的输出阻抗与前置放大器的输入阻抗相匹配；二是使前置放大器的输出电压幅度与功率放大器的输入灵敏度相匹配。

话筒输出信号非常微弱，一般为 $100\,\mu V$ 至几毫伏，所以前置放大器的噪声对整体放大系统的信噪比影响很大。前置放大器输入级采用低噪声电路，由晶体管分立元件组成的前置放大器，应选择低噪声的晶体管，并要设置合适的静态工作点。由于场效应晶体管的噪声系数一般比晶体管小，而且它几乎与静态工作点无关，在要求高输入阻抗的前置放大器时，通常采用低噪声场效应晶体管的放大器。若采用集成运放构成前置放大器，需选择低噪声、低漂移的集成运放。前置放大器还要要有足够宽的带宽，以保证对音频信号的放大不失真。

2. 混合放大电路

混合放大器的作用是将诸如 MP3 等音源输出的音乐信号与前置放大后的语音信号进行混合放大，其电路如图 5-22 所示。这是一个反向加法器电路，输出电压与输入电压的关系为

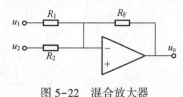

图 5-22　混合放大器

$$U_o = -\left(\frac{R_F}{R_1}U_1 + \frac{R_F}{R_2}U_2\right)$$

式中，U_1 为话筒放大器输出电压；U_2 为 MP3 等音源输出的电压。

3. 音调控制电路

音调控制器的功能主要是根据设计需要按一定的规律控制和调节音频放大器的频率响应，以更好地满足人耳的听觉特性。一般音调控制器只对低音和高音信号的增益进行提升或衰减，而中音信号增益不变。音调控制器通常由低通、高通、带通滤波器组成，半导体公司有专用的集成电路芯片，也可用集成运放组成音调控制电路，图 5-23 所示就是一个由集成运放构成的具有高、低音调节功能的音调控制器。此电路调节方便，元器件较少，在一般收录机、扩音器中应用较多。

该电路的频率响应曲线（即音调控制曲线）如图 5-24 所示。音调控制曲线中给出了相应的转折频率：f_{L1} 表示低音转折频率，一般为几十赫兹；$f_{L2} = 10f_{L1}$，表示中音下限频率；f_o 表示中音频率（即中心频率），电路对 f_o 的频率信号没有衰减和提升作用；f_{H1} 表示中音上限频率，$f_{H2} = 10f_{H1}$，表示高音转折频率，一般为几十千赫。理想的控制曲线如图 5-24 中的虚线所示，而实际的音调控制曲线如实线所示。

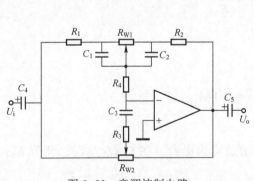

图 5-23　音调控制电路

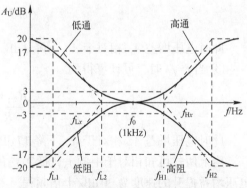

图 5-24　音调控制电路的频率响应曲线

在音调控制电路中，R_{W1} 为低音调节电位器，R_{W2} 为高音调节电位器，一般 $C_1 = C_2 \gg C_3$，故在中低频区，C_3 可看成开路；在中、高音频区，C_1、C_2 可视为短路，下面分几种情况分析此电路的工作原理。

（1）当 $f < f_o$ 时，即低频段

当处于低频段时，C_3 看成开路，等效电路如图 5-25 所示。其中，图 5-25a 对应 R_{W1} 的滑臂位于最左端，对应于低频提升最大的情况；图 5-25b 是滑臂移到最右端，对应于低频衰减最大的情况。

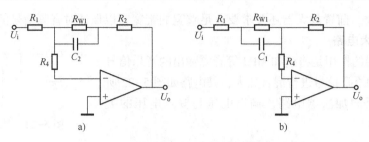

图 5-25　音调控制电路的低频等效电路

a) 低频提升　b) 低频衰减

对于图 5-25a 所示的低频提升电路，它是一阶有源低通滤波器，其传输函数为

$$A(\mathrm{j}\omega) = \frac{U_o}{U_i} = -\frac{R_{\mathrm{W1}}+R_2}{R_1} \cdot \frac{1+\dfrac{\mathrm{j}\omega}{\omega_{\mathrm{L2}}}}{1+\dfrac{\mathrm{j}\omega}{\omega_{\mathrm{L1}}}}$$

式中，$\omega_{\mathrm{L1}} = \dfrac{1}{R_{\mathrm{W1}}C_2}$，$\omega_{\mathrm{L1}} = 2\pi f_{\mathrm{L1}}$；$\omega_{\mathrm{L2}} = \dfrac{R_{\mathrm{W1}}+R_2}{R_{\mathrm{W1}}R_2C_2}$，$\omega_{\mathrm{L2}} = 2\pi f_{\mathrm{L2}}$。

① 当 $f \ll f_{\mathrm{L1}}$ 时，C_2 可视为开路，运算放大器的反向输入端视为虚地，可忽略 R_4，此时电压增益为

$$A_{\mathrm{UL}} = -\frac{R_{\mathrm{W1}}+R_2}{R_1}$$

② 当 $f = f_{\mathrm{L1}}$ 时，由于 $f_{\mathrm{L2}} = 10f_{\mathrm{L1}}$，可计算得到

$$A_{\mathrm{U1}} = -\frac{R_{\mathrm{W1}}+R_2}{\sqrt{2}\,R_1} = \frac{A_{\mathrm{UL}}}{\sqrt{2}}$$

此时电压增益 A_{U1} 相对于 A_{UL} 下降 3 dB。

③ 当 $f = f_{\mathrm{L2}}$ 时，可计算得到

$$A_{\mathrm{U2}} = -\frac{R_{\mathrm{W1}}+R_2}{R_1} \cdot \frac{\sqrt{2}}{10} = 0.14A_{\mathrm{UL}}$$

此时电压增益 A_{U2} 相对于 A_{UL} 下降 17 dB。

由上两式可知相对于中频 f_o，低频端的电压增益均为提升，在 $f_{\mathrm{L1}} < f < f_{\mathrm{L2}}$ 时，调节 R_{W1}，电压增益提升的速度为 20 dB/十倍频程。

同理可对图 5-25b 所示低频衰减电路分析得知，$f < f_o$ 时，相对于中频，在频率下降时，电压增益呈下降趋势，下降速度为 20 dB/十倍频程。音调控制电路低频时的幅频特性曲线如图 5-24 中左半部分的实线所示。

（2）当 $f > f_o$ 时，即高频段

在高频段，C_1 和 C_2 可看成短路，此时音调控制电路可简化成图 5-26 所示高频等效电路。为便于分析，将星形连接的电阻 R_4、R_1 和 R_2 转换成三角形连接，转换后的电路如图 5-27 所示。假设 $R_1 = R_2 = R_4$，则 $R_a = R_b = R_c = 3R_1$。

图 5-27 音调控制电路转换后的高频等效电路 1 中，当 R_{W2} 的滑臂处于最左端时，此时

高频段提升最大，等效电路如图 5-28a 所示；当 R_{W2} 的滑臂处于最右端时，此时高频段衰减最大，等效电路如图 5-28b 所示。

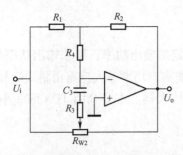

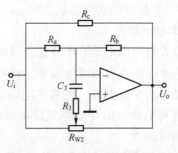

图 5-26 音调控制电路的高频等效电路　　　　图 5-27 转换后的高频等效电路 1

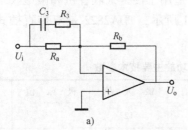

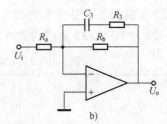

图 5-28 转换后的高频等效电路 2

a）高频提升　b）高频衰减

对于图 5-28 所示的高频提升电路，它是一阶有源高通滤波器，其传输函数为

$$A(j\omega) = \frac{U_o}{U_i} = -\frac{R_b}{R_a} \cdot \frac{1+\dfrac{j\omega}{\omega_{H1}}}{1+\dfrac{j\omega}{\omega_{H2}}}$$

式中，$\omega_{H1} = \dfrac{1}{(R_a+R_3)C_3}$，$\omega_{H1} = 2\pi f_{H1}$；$\omega_{H2} = \dfrac{1}{R_3 C_3}$，$\omega_{H2} = 2\pi f_{H2}$。

① 当 $f < f_{H1}$ 时，C_3 可视为开路，此时电压增益为 $A_{Uo} = 1$（0 dB），此为中频增益。

② 当 $f = f_{H1}$ 时，可计算得

$$A_{U3} = \sqrt{2}A_{Uo}$$

此时电压增益 A_{U3} 相对于 A_{Uo} 提升了 3 dB。

③ 当 $f = f_{H2}$ 时，可计算得

$$A_{U4} = \frac{10A_{Uo}}{\sqrt{2}}$$

此时电压增益 A_{U4} 相对于 A_{Uo} 提升了 17 dB。

④ 当 $f \gg f_{H2}$ 时，C_3 可视为短路，可计算得

$$A_{UH} = \frac{R_a+R_3}{R_3}$$

由上三式可知，当 $f_{H1} < f < f_{H2}$，电压增益按 20 dB/十倍频程增加。

同理可对图 5-28b 所示高频衰减电路分析得知，$f>f_o$ 时，相对于中频，在频率上升时，电压增益呈下降趋势，下降速度为 20 dB/十倍频程。音调控制电路高频时的幅频特性曲线如图 5-24 中右半部分的实线所示。

4. 功率放大器

功率放大器的作用是给扩音器的负载 R_L 提供一定的输出功率，要求输出功率尽可能大，输出信号的非线性失真尽可能地小，转换效率尽可能高。功率放大器有由集成运算放大器和晶体管组成的功率放大器，也有专用集成电路功率放大器。本节介绍 TDA2822 小功率集成功率放大器和 TDA2030 中功率集成功率放大器。

（1）TDA2822

TDA2822（国产型号为 D2822），是一种低电压供电（+3～+15 V）、双通道小功率集成音频功率放大器，其静态电流和交越失真很小，适用于便携式收音机和微型收录机中作音频功放。TDA2822 集成功放主要技术参数如表 5-1 所示，TDA2822 是双排直插式封装，有 8 个引脚，图 5-29 为 TDA2822 集成功放外引脚图。

表 5-1　TDA2822 集成功放主要技术参数

参 数 名 称	符　号	最 小 值	典 型 值	最 大 值	极 限 值	单 位
静态电流	I_{CQ}		6	12		mA
电源电压	V_{CC}	3		15	15	V
峰值电流	I_{OM}				1.5	A
电压增益	G_V		40			dB
输出功率	P_o	0.4	1		允许功耗 1.25	W
谐波失真	THD		0.3			%
输入阻抗	R_i		100			kΩ

（测试条件：$V_{CC}=5$ V，$R_L=8$ Ω，$f=1$ kHz，$T_a=25℃$）

（2）TDA2030

TDA2030 是视听设备中较流行的一种高保真中功率集成音频功率放大器，它为单片集成功放器件。该电路用于音频乙类和甲乙类放大，其特点是输出电流大，谐波失真和交越失真小，内部有自动限制功耗的短路保护电路，可使输出晶体管的工作点保持在安全工作区内，并设有内部过热截止保护电路，电源电压范围宽、适应性广，输入阻抗高，与前级电路的接续能力强。它性能优良，功能齐全，外接元件较少，仅有 5 个引出端，易于安装、使用，因此也称为五端集成功放。TDA2030 的外形及引脚如图 5-30 所示。

1）TDA2030 的主要技术参数

● 电源电压：双电源供电±6～±18 V，单电源供电+12 V～36 V。

● 输出峰值电流：$I_o=3.5$ A。

● 输入噪声：$U_{NI}=3$ μV。

● 输入允许电压（灵敏度）$U_{inmin}=50$ mV。

● 允许最大功耗：$P_{omax}=20$ W。

● 静态电流：$I_Q=40$ mA。

- 谐波失真：$UHD = 0.2\%$。
- 开环增益：$G_V = 90\,dB$。
- 工作带宽：$B_W = 10\,Hz \sim 14\,kHz$。
- 纹波抑制：$RR = 50\,dB$。
- 输入阻抗：$R_i = 5\,M\Omega$。

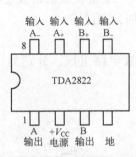

图 5-29　TDA2822 外引脚图

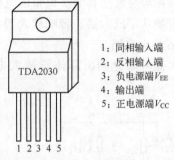

1：同相输入端
2：反相输入端
3：负电源端 V_{EE}
4：输出端
5：正电源端 V_{CC}

图 5-30　TDA2030 的外形及引脚

2）TDA2030 的典型电路

TDA2030 的输入电路采用差分电路以提高输入阻抗，输出级采用两组 NPN 复合管和一个 PNP 管做相位转换所构成的互补型功率放大电路，在电路中采用多个二极管提供稳定的工作点，以减少由于电源电压变化等因素而引起的"交越失真"，输出级还设置了二路短路保护和过热截止电路。图 5-31 为 TDA2030 单电源供电时的典型应用电路。

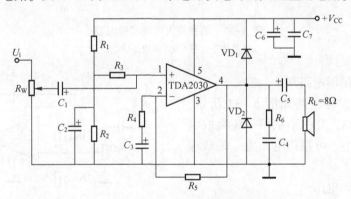

图 5-31　TDA2030 功率放大器典型应用电路

在图 5-31 电路中，电位器 R_W 是音量控制电位器；电阻 R_1、R_2 和 R_3 为内部差分输入电路偏置，由于输入电路采用了差分电路，所以该电路具有很高的输入阻抗；R_6、C_4 组成相位补偿网络，破坏电路的正反馈条件，达到消自激的目的；两个二极管 VD_1、VD_2 构成电源反接保护电路；R_4、R_5 和 C_3 构成交流负反馈，以提高稳定性。图 5-31 中功率放大器的电压放大增益可由下式确定：

$$A_U = \frac{R_5}{R_4}$$

注意选择增益 A_U 时不能过高，以免引起自激，一般 A_U 可控制在 20 倍左右。

5.4.4 实验内容

1. 音响放大器电路组装

音响放大器是一个小型系统电路，安装前要对整机电路进行合理布局，一般按照电路的顺序分级布线，功放输出电路应远离小信号输入级，每一级的地线应尽量接在一起，连接线尽可能短，否则容易发生自激。完整的电路连接参照图 5-21 将各级电路级连在一起，构成一个完整的音响功率放大器。音响放大器各级电路如下面分别详述。

（1）前置放大电路

前置放大器可以分别由晶体管放大电路和集成运放电路组成，分别如图 5-32a 和 b 所示。

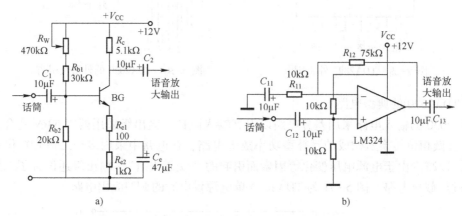

图 5-32　前置放大电路实验电路

a）晶体管电路　b）集成运放电路

（2）电压跟随器电路

电压跟随器实验电路如图 5-33 所示，它的输入阻抗很高，几乎不从信号源吸取电流，输出阻抗极小，可视作电压源，是较理想的阻抗变换器。

（3）混合放大电路

混合放大实验电路如图 5-34 所示。

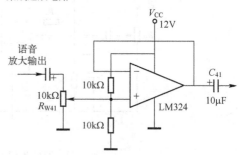

图 5-33　电压跟随器实验电路

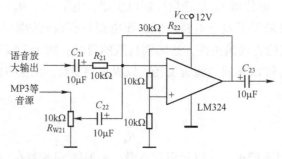

图 5-34　混合放大实验电路

（4）音调控制电路

音调控制实验电路如图 5-35 所示。调节 R_{W31} 可对低音分量进行提升或衰减；调节 R_{W32} 可对高音分量进行提升或衰减。

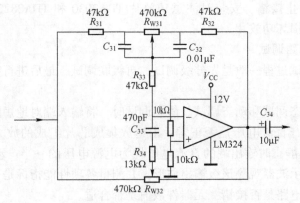

图 5-35　音调控制实验电路

（5）功率放大电路

由于所选的集成功放芯片不同，功率放大电路分别如图 5-36 和图 5-37 所示，可以根据需要选用其一。

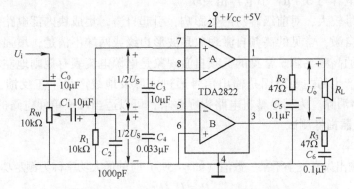

图 5-36　TDA2822 组成的功率放大实验电路

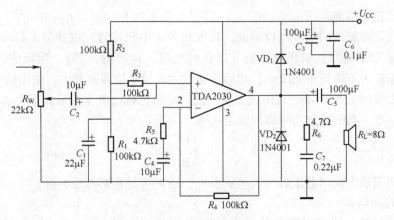

图 5-37　TDA2030 组成的功率放大实验电路

分别安装好各自电路，从输入级开始逐级向后级安装，安装一级调试一级，安装两级就要进行级联调试，直到整机安装与调试结束。

安装前应检查元器件的质量，安装时特别要注意功放片、运放器件、电解电容等主要器件的引脚和极性，防止接错。安装时注意功放片 TDA2030 和 TDA2822 应安装适当的散热器，防止功率过大时损坏功放片。

2. 音响放大器电路调试

音响放大器的调试过程一般是先分级调试，再级联调试，最后进行整机调试与性能指标测试。

分级调试分为静态调试和动态调试。静态调试时，将输入端对地短路，用万用表测该级的静态工作状态，检查直流电压是否正常；由运放集成芯片组成的放大电路以及 TDA2822 和 TDA2030 功放，其静态时输出端的直流电压均为电源电压的一半。动态调试是指输入端接入规定的信号，用示波器观测该级输出波形，并测量各项性能指标是否满足指标要求，如果相差太大，应检查电路是否接错，元器件数值是否合适。

单级电路调试时的技术指标较容易达到，但进行级联时，由于级间相互影响，可能使单级的技术指标发生很大变化，甚至两级不能进行级联。产生的主要原因：一是布线不太合适，形成级间交叉耦合，应考虑重新布线；二是级联后各级电流都要流经电源内阻，内阻电压降对某一级可能形成正反馈，应接 RC 去耦滤波电路。电阻 R 一般取几十欧姆，电容 C 一般用几百微法大电容与 0.1 μF 小电容相关联。

功放输出信号较大，对前级容易产生影响，引起自激。集成块内部电路多极点引起的正反馈易产生高频自激，常见的高频自激现象是波形边缘或两端不清楚，增强外部电路的负反馈可以消除叠加的高频毛刺。常见的低频自激现象是电源电流表有规则地左右摆动，或输出波形上下抖动。产生的主要原因是输出信号通过电源及地线产生了正反馈，可以通过接入 RC 去耦滤波电路消除。为满足整机电路指标要求，可以适当修改单元电路的技术指标。

3. 音响放大器指标测试

（1）额定功率

音响放大器输出失真度小于某一数值（如 $\gamma < 5\%$）时的最大功率称为额定功率。其表达式为

$$P_o = U_o^2 / R_L$$

式中，R_L 为额定负载阻抗；U_o（有效值）为 R_L 两端的最大不失真电压。

U_o 常用来选定电源电压 U_{CC}（$U_{CC} \geq 2\sqrt{2} U_o$）。方法如下：输入 $U_i = 10$ mV，$f = 1$ kHz 的正弦波信号，音调控制器的两个电位器 R_{W31} 和 R_{W32} 置于中间位置，将音量电位器 R_W 先转到最小，功放级加 12 V 电压，输出端加上 8 Ω 负载电阻（代替扬声器），用示波器观察输出波形，输出波形应为不失真正弦波形，然后逐渐加大音量电位器到最大，输出信号电压应逐渐增大，直到 U_o 的波形刚好不出现削波失真，此时对应的输出电压为最大不失真输出电压 U_o。计算此时功率放大器的输出功率即为额定功率

$$P_o = \frac{U_o^2}{R_L}$$

注意：测完最大输出电压后应迅速减小 U_i，否则容易损坏功放器件。

（2）静态功耗 P_Q

放大器处于静态情况下所消耗的电源功率为静态功耗，$P_Q = I_{CQ} U_{CC}$，其中 I_{CQ} 为静态

电流。

（3）整机效率

整机效率 η 为

$$\eta = \frac{P_\text{o}}{P_\text{C}} \times 100\%$$

式中，P_o 为输出功率，用电压表测出此输出电压 U_o 即可算出；P_C 为电源供给的平均功率，方法是在电源供电回路中串入一只直流电流表，测出直流电源提供的平均电流 I_C，即可求出电源提供的功率 P_C

$$P_\text{C} = U_\text{CC} I_\text{C}$$

（4）音调控制特性

音调控制电路加 $U_\text{CC} = 12\,\text{V}$，功放级不加电，在音调控制电路输入端加入 $U_\text{i} = 100\,\text{mV}$ 的正弦波信号，测量音调控制电路的控制特性曲线，并将测量数据填入表 5-2。

表 5-2　音调控制特性曲线测量数据

测量频率点		$<f_\text{L1}$	f_L1	f_Lx	f_L2	f_o	f_H1	f_Hx	f_H2	$>f_\text{H2}$
$U_\text{i} = 100\,\text{mV}$		20 Hz				1 kHz				50 kHz
低音频提升 高音频衰减	U_o/V									
	A_U/dB									
低音频衰减 高音频提升	U_o/V									
	A_U/dB									

方法：先测量 1 kHz 处的电压增益 $A_\text{U0}(A_\text{U0} = 0\,\text{dB})$，再分别测低频特性和高频特性。将 R_W1 的滑臂置于最左端（低频提升），R_W2 的滑臂置于最右端（高频衰减），改变输入信号的频率，记录下频率从 20 Hz 至 50 kHz 变化时所对应的电压增益；再将 R_W1 的滑臂置于最右端（低频衰减），R_W2 的滑臂置于最左端（高频提升），改变输入信号的频率，记录下频率从 20 Hz 至 50 kHz 变化时所对应的电压增益。绘制音调控制特性曲线，并标注与 f_L1、f_L2、f_o、f_H1、f_H2 等频率对应的电压增益。

（5）频率响应（频带宽度）

整机放大电路的电压增益相对于中音频 $f_\text{o}(1\,\text{kHz})$ 的电压增益下降 3 dB 时对应低音频截止频率 f_L 和高音频截止频率 f_H 的幅频特性，称 $f_\text{L} \sim f_\text{H}$ 为整机电路的频带宽度。

方法：音响放大电路的输入端接 $U_\text{i}(U_\text{i} = 5\,\text{mV})$，使信号发生器的输出频率 f_i 在 20 Hz ~ 50 kHz 范围内变化（保持 $U_\text{i} = 5\,\text{mV}$ 不变），测出负载电阻 R_L 上对应的输出电压 U_o，画出幅频特性，并标出 f_L 和 f_H 的值。

（6）输入阻抗

从音响放大器输入端（语音放大电路的输入端）看进去的阻抗 R_i，如果接高阻话筒，则 R_i 远大于 20 kΩ；如果接电唱机，则 R_i 远大于 500 kΩ；R_i 的测量方法与放大器输入阻抗的测量方法相同。

注意：测量仪表的内阻要远大于 R_i。

（7）输入灵敏度

使音响放大电路输出额定功率时所需的输入电压（有效值）称为输入灵敏度 U_s，测量条件与额定功率的测量相同。测量方法是：先计算电路输出额定功率值时所对应的输出电压值 $U_{o(额定)}$，使 U_i 从零开始逐渐增大，直到电路输出为 $U_{o(额定)}$，此时对应的 U_i 值即为输入灵敏度。

（8）噪声电压

音响放大器的输入为零时，输出负载 R_L 上的电压称为噪声电压 U_N。测量方法是，将输入端对地短路，音量电位器为最大值，用示波器观测输出负载 R_L 两端的电压波形，用交流毫伏表测量其有效值。

4. 音响放大器整机功能试听

用 8 Ω 的扬声器（扬声器功率取决于所选功放电路芯片）代替负载电阻 R_L，可进行以下功能试听。

（1）语音扩音

将低阻话筒接语音放大器的输入端（前置单级阻容耦合放大电路或前置运放电压放大电路）。应注意，扬声器输出的方向应与话筒输入的方向相反，否则扬声器的输出声音经话筒输入后，会产生自激啸叫。讲话时，扬声器发出的声音应清晰，改变音量电位器，可控制声音大小。

（2）音乐欣赏

将 CD 或 MP3 音乐信号接入混合前置放大器，改变音调控制电路的高低音调控制电位器，扬声器的输出音调发生明显变化。

（3）卡拉 OK 伴唱

CD 或 MP3 输出歌曲，手握话筒伴随歌曲歌唱，适当控制语音放大器与 MP3 音源输出的音量电位器，可以控制歌唱的声音。

5.4.5 预习要求

1. 复习音响放大器系统中各单元电路的工作原理。
2. 了解音响放大器电路系统的构成以及电路级联的调试方法。
3. 了解音响放大器主要技术指标的调整测试方法。

5.4.6 实验报告要求

1. 画出实验电路，标出各引脚和元件值。
2. 总结音响放大器系统电路的组装、调整和测试方法。
3. 总结音响放大器系统电路组装、调整、测试中的问题和故障排除方法。
4. 总结电子技术实际应用电路学习和实践的方法和经验。
5. 回答思考题。

5.4.7 思考题

1. 音调控制电路是如何对低音信号和高音信号的增益进行提升或衰减的？
2. 安装和调试一个小型模拟电子电路应用系统要注意什么？
3. 在安装调试音响放大器时，与单元电路相比，出现了哪些新问题？如何解决？
4. 音响放大器的电压增益与哪些因素有关？